아들 셋을
스탠퍼드에 보낸 부모가
반드시 지켜온 것

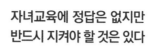

자녀교육에 정답은 없지만
반드시 지켜야 할 것은 있다

아들 셋을
스탠퍼드에 보낸 부모가
반드시 지켜온 것

아그네스 천 지음 | 원녕경 옮김

센시오

자녀교육에 정답은 없지만
반드시 지켜야 할 것은 있다

아이는 하늘이 준 선물 같은 존재다. 부모가 된다는 것, 아이를 키운다는 것. 이 성하고도 신비한 일련의 과정에서 얻어지는 행복과 기쁨은 이루 다 표현할 수 없을 정도다.

부모는 자식을 아끼고 사랑하며, 아이의 성장에 기뻐하고, 자식과의 끈끈한 정을 쌓고, 아이와 함께 미래를 바라보며, 자식이 커서 성인이 될 때까지 함께 손을 잡고 나아가야 한다. 물론 이 과정이 아름답기만 한 것은 아니다. 때론 어찌해야 좋을지 모르겠는 문제에 맞닥뜨리기도 하고 포기하고 싶은 순간도 찾아올 것이다.

하지만 그렇다고 좌절할 필요는 없다. 이 세상에 완벽한 부모는 없으니 말이다. 아이를 가르치고, 아이를 통해 배우며 그

4

렇게 조금씩 진정한 '부모'로 거듭나면 된다.

　육아에 정답은 없다. 그렇지만 부모가 반드시 유념해야 할 것이 있다. 바로 어린아이의 마음은 투명한 유리와 같아서 빛과 어둠을 모두 받아들인다는 사실이다. 아이는 좋고 나쁨을 구분하지 않기 때문에 부모는 실제 양육과정에서 자신이 해야 할 일과 절대 해서는 안 되는 일에 각별히 주의를 기울여야 한다. 아이가 경험하는 세상은 부모가 어떻게 하느냐에 따라 결정되기 때문이다.

　어느 날 학교에서 돌아온 큰 아들이 나에게 물었다.
　"엄마, 내가 다른 애들보다 못생겼어요?"
　"왜? 누가 뭐라고 그랬어?"라고 나는 되물었고, 아이는 이렇게 대답했다.
　"같은 반 친구가 그러더라고요."
　그때 나는 뭐라고 말했을까? 나는 아이와 함께 거울 앞에 서서 이렇게 말했다.
　"이것 봐. 엄마랑 너랑 똑 닮았지?"
　그러자 아들은 고개를 저으며 "모르겠는데요"라고 대답했다. 그래서 나는 내 어린 시절 사진을 꺼내 보여주며 "어때? 닮았지?"라고 물었다. 사진을 본 아들은 "진짜 똑같다!"라며 크게 웃었다.

이에 나는 아이의 눈을 바라보며 다시 물었다.

"그럼 우리 아들이 보기에는 엄마가 못생긴 것 같니?"

아이는 고개를 저으며 말했다.

"엄마는 예뻐요!"

"엄마가 예쁘면 엄마랑 붕어빵인 우리 아들도 예쁜 거네!"

나는 이렇게 말하며 아이를 꽉 안아주었다. 그리고 진지하게 아이에게 말했다.

"얼굴이 예쁜 것보다 마음이 예쁜 게 훨씬 더 중요하단다. 아무리 빼어난 외모를 타고났어도 마음이 못생긴 사람은 아무도 사랑해주지 않거든. 그런데 그거 아니? 얼굴을 가꾸는 데에는 한계가 있지만 마음은 얼마든지 예쁘게 갈고 닦을 수 있다는 거."

내 이야기를 들으며 고개를 끄덕이던 아이의 얼굴에는 미소가 번졌고, 아이는 그 웃음 띤 얼굴을 그대로 간직한 채 성인이 되었다.

부모의 사소한 말 한마디, 작은 행동 하나가 아이들에게는 세상의 전부가 될 수도 있다는 것을 잊지 말아야 한다. 이것이 기본적으로 지켜져야 아이가 건강한 몸, 따뜻한 마음, 명석한 두뇌를 가진 사람으로 성장하길 바라며 아이의 주변 환경을 열심히 개선하는 부모의 노력도 헛되지 않을 것이다.

　아마 자신의 말과 행동으로 아이의 미래가 좌우될 수 있다고 생각하면 덜컥 겁이 나고 긴장이 될 것이다. 나 역시 그랬으니까. 나 또한 세 아들을 키운 엄마이기에 부모의 마음을 누구보다 잘 알고 있다. 그래서 이 책은 그때의 나를 떠올리며 썼다. 나의 경험을 나눔으로써 다음 부모는 겪지 않아도 될 시행착오를 최대한 겪지 않았으면 하는 마음에서다. 특히 처음 아이를 키우는 초보 부모와 자신이 올바르게 자녀교육을 하고 있는지 의문이 드는 부모에게 나의 이 책이 작게나마 도움이 되었으면 하는 바람이다.
　이 책에는 캐나다 토론토대학교에서 아동심리학을 전공하고, 미국 스탠퍼드대학교에서 교육학 박사학위를 받으며 아동심리, 아동교육에 대해 오랜 시간 쌓아온 지식을 아낌없이 담았다. 뿐만 아니라 세 아들을 키우며 얻은, 지식으로는 설명할 수 없는 실전 경험에서 터득한 '비결'을 모두 쏟아부었다. 이 책에서 소개하는 방법들을 흘려보내지 말고 반드시 기억해두고, 실천하길 바란다. 이 책이 좀 더 빠르고 확실하게 아이와 건강하고 단단한 관계를 만들 수 있도록 도와줄 테니 말이다.

큰아들이 어렸을 때 내가 이런 질문을 한 적이 있다.

"좋은 가족이란 어떤 모습일까?"

그때 아들은 자신의 자그마한 손을 가슴에 얹으며 이렇게 대답했다.

"가족을 생각하면 여기가 따뜻해지는 게 좋은 가족이에요."

나는 아들의 말을 마음속에 항상 간직하며 아이들을 가르치려 최선을 다했다. 아이들이 가족을 떠올릴 때마다 언제나 마음이 따뜻하게 채워지길 바라며 말이다.

현재 아이를 키우고 있는 모든 부모에게 이 말을 꼭 전하고 싶다.

"사랑은 사랑으로부터 시작되고, 마음은 마음으로부터 자란다."

그러니 두려워 말고 당신과 아이의 유대를 믿으며 아이와 즐거운 하루하루를 보내라. 그러면 내가 그랬듯 양육의 기쁨이라는 가장 큰 보상을 받을 수 있을 것이다.

◆ 차례 ◆

프롤로그

자녀교육에 정답은 없지만 반드시 지켜야 할 것은 있다　　　4

1장

아이를 독립적인 인격체로 대하라

아이의 성장을 방해하는 건 부모의 '아기 말투' 때문이다　　　15

아이의 하루를 듣고 싶다면 이렇게 하라　　　20

'스스로 선택하는 아이'로 키우고 싶다면　　　26

남과 비교할 때 아이에게 일어나는 참사　　　32

어른들의 대화에 참여시킬 때 일어나는 효과　　　39

어릴 때부터 집안일을 시켜야 한다　　　43

2장

아이가 하지 않았으면 하는 일은 부모도 하지 않는다

아이는 부모의 행동을 가장 먼저 배운다   49

자기중심적인 아이에게 부모가 해야 할 말   53

사소한 것에 감사함을 느끼는 아이로 키우는 방법   58

아이에게 용돈을 주지 않는 이유   62

식사 시간 동안 할 수 있는 것들   68

싫어하는 음식을 억지로 먹이지 마라   72

"안 돼!"라는 말 대신 해야 하는 것   77

인터넷으로부터 아이를 보호하라   81

3장

가장 중요한 건, 아이가 심리적 안정을 느끼게 하는 것이다

아이에게 짜증이 날 때 대처하는 방법   87

잠자리 독립은 아이가 원할 때 이루어져야 한다   94

우리 집만의 특별한 '암호'를 만들어라   99

체벌은 훈육이 아니다, 폭력이다   105

사랑은 공평하게, 오해는 신속하게!   111

무조건 아이가 최우선이 되어야 한다   116

아이에게는 아이만의 인생이 있다   121

4장

성적에 연연하는 부모의 모습이 아이를 망친다

부모의 대답이 아이의 IQ를 좌우한다   129

불규칙한 생활이 아이 두뇌에 미치는 영향   133

글을 좋아하게 만드는 세 가지 방법   139

공부에 흥미 없는 아이? 부모 하기에 달렸다   145

1등을 강요하면 공부를 포기한다   150

아이가 '좋아하는 일'을 찾을 때까지 기다려라   156

물질적 보상이 공부 못하는 아이로 만든다   162

6세 이전에는 만화책을 보여주지 마라   166

5장

아이와 친구처럼 지내지 마라

아이에게는 '부모를 가질 권리'가 있다   171

부모에 대한 믿음은 사소한 약속에서부터 시작된다   175

아이의 개성을 지켜줄 수 있는 사람은 부모뿐이다   180

정체성을 확립시켜주는 질문 세 가지   186

아이의 사춘기, 호르몬 시스템을 이해시켜라   190

아이의 이성교제를 막지 마라   195

1장

아이를
독립적인 인격체로
대하라

아이의 성장을 방해하는 건
부모의 '아기 말투' 때문이다

육아를 하면서 부모들이 흔히 하는 실수가 있다. 바로 아이의 말투를 따라하며 부모 역시 쉽고 귀여운 화법으로 아이를 대하는 것이다. 아이의 눈높이에 맞춰 말하려는 의도였겠지만 아이와의 대화에서 과도하게 아이의 말투를 사용하면 오히려 아이가 어른의 말뜻을 이해하는 시기를 늦출 수 있다.

아이에게도 어른의 화법을 사용하는 것이 바람직하다. 그래야 아이가 보다 빨리 말하는 법을 배우고, 단어와 어법을 익히며, 말투의 미세한 차이 등을 구분할 수 있다.

'과연 우리 아이가 어른의 화법을 잘 이해할 수 있을까?'라는 걱정은 접어두어도 좋다. 어른의 말에 대한 아이의 이해력은 생각보다 놀랍기 때문이다.

아기들은 주위환경, 그중에서도 특히 엄마의 표정이나 목소리, 행동 등을 관찰해 각종 정보를 얻는데, 이 과정에서 타인이 했던 말을 기억하고 현재의 상황을 파악한다. 그래서 나도 우리 아들들이 아기였을 때부터 그들에게 다양한 이야기를 해주었다.

이제부터 내 아이의 학습능력을 믿고 어른의 화법을 사용해 이야기를 시작해보자.

'어른의 화법'이
아이의 소통력을 기른다

같은 맥락으로 아이가 무언가 잘못했을 때 '아이가 아직 어려서 이해하지 못할 거야'라는 생각에 훈육을 하지 않는 경우가 많다. 아직 말문이 트이지 않은 아이를 보며 '말해봐야 소용없겠지'라고 생각하는 부모들이 많겠지만 사실은 그렇지 않다.

큰아들이 한 살 때의 일이다. 당시 아들은 밤으로 만든 일본식 과자를 먹고 있었다. 그런데 갑자기 과자를 쥐고 있던 자그마한 손을 카펫 위에 문지르기 시작하는 것이 아닌가. "그러면 안 되지"라고 주의를 줘도 아이는 여전히 꺄르르 웃으며 손을 멈추지 않았다.

아들의 웃는 얼굴에 화를 내기가 어려웠지만, 부모로서 '음식을 낭비해서는 안 된다'라는 사실을 알려줄 의무가 있었다. 마음을 굳힌 나는 일본의 한 자선 모금 프로그램 진행자로 에티오피아에 갔을 때 찍은 사진을 꺼내 아이에게 보여주며 말했다.

"이 아이들은 내전과 가뭄 때문에 배가 고파도 먹을 것이 없었어. 그래서 많은 친구들이 굶어 죽었지. 그런데 너는 이렇게 음식을 카펫에 문지르고 있어. 이래도 되는 걸까?"

솔직히 말하면 한 살배기 아이가 정말로 내 말을 이해할 수 있을 것이라는 확신은 나도 없었다. 그런데 의외로 아이는 눈을 동그랗게 뜨고 사진을 뚫어져라 쳐다보더니 다시 나를 바라보았다.

이에 나는 고개를 가로저은 후 다시 아이에게 일렀다.

"음식을 낭비하면 안 돼."

그러자 아이는 사진 속 꼬마의 얼굴에 손을 가져다 대더니 한참을 가만히 있다가 내게 과자를 넘겨주었고, 나는 아이를 꼭 안아주며 말했다.

"엄마의 말뜻을 이해해줘서 고마워! 엄만 정말 기쁘다!"

그 일이 있은 후로 큰아들은 더 이상 음식을 가지고 장난을 치지 않았다. 고작 한 살배기 아이가 대체 어떻게 이해를 했는지는 아직도 미스터리다. 하지만 그날의 경험으로 한 가지는 확실하게 깨달았다. 한 살배기 아이라 하더라도 차분하게 이치를 말해주면 요점은 이해한다는 사실을 말이다.

아이가 두 살 정도 되면 사람을 때리기도 하고, 컵이나 음식을 집어던져도 보고, 불에 손을 갖다 대는 등 매일 다양한 도전을 시도하며 '해도 되는 일'과 '하면 안 되는 일'을 테스트하기 시작한다.

이러한 일들이 벌어질 때마다 무엇보다 중요한 건 아이의 이해력을 믿고 자세하게 이유를 설명해주는 일이다.

예컨대 아이가 누군가를 때렸다면 아이가 직접 아픔을 느낄 수 있도록 아이를 가볍게 친 다음 "봐, 맞으니까 아프지?"라고 물어볼 수 있다. 그런 다음 어른과 대화할 때처럼 왜 다른 사람을 때려서는 안 되는지 그 이유를 아이에게 설명해주는 것이다. 그러면 아이는 분명 자신만의 방식으로 부모의 말을 이해할 것이다.

아이가 불에 손을 갖다 댔을 때에도 마찬가지다.

"봐, 불에 닿으니까 뜨겁지? 불에 데이면 정말 아파. 어느 유명한 세균학자도 어렸을 때 손에 화상을 입어서 평생 장애를 안고 살았대. 그럼에도 그는 열심히 다양한 연구를 진행해 훌륭한 업적을 남겼지만, 한번 생각해봐. 손을 자유롭게 쓸 수 없다면 얼마나 불편하겠니?"

이런 식으로 반복적으로 설명을 해주면 아이는 분명히 알아듣는다.

아이들의 이해력은 결코 어른보다 낮지 않다는 점을 기억하고, 어른의 화법으로 아이를 대하도록 하자.

아이의 하루를 듣고 싶다면 이렇게 하라

"오늘 하루 어땠니?"라는 물음에 "별일 없었어요", "뭐, 그럭저럭"이라는 아이의 짧은 대답이 돌아왔던 경험, 아마 다들 한번쯤 있지 않을까 싶다. 나는 아이가 이렇게 짧은 답으로 부모와의 대화를 피하고, 자신의 속마음을 감추는 데에는 어느 정도 부모의 잘못이 있다고 생각한다. 모름지기 대화란 쌍방으로 이루어져야 하는데 "오늘 하루 어땠니?"라는 질문에는 그저 아이의 말만 듣고 싶다는 지극히 일방적인 생각이 담겨 있기 때문이다.

아이와 대화하길 원한다면 자신부터 입을 열어야 한다.

부모와 자식이 양방향 소통을 하는 것. 이는 기본 중의 기본이다. 방법은 간단하다. 아이가 그날 하루 동안 있었던 일들을 공유해주길 바란다면 먼저 자신의 하루를 이야기해주면 된다. 부모가 이렇게 적극적으로 자신에 대한 이야기를 꺼내면 아이는 좀 더 쉽게 입을 열어 자신의 이야기를 들려줄 것이다.

"엄마는 오늘 TV프로그램 야외 촬영이 있었어. 낚시를 하는 촬영이었는데 전문가보다 고기를 더 많이 잡았다! 대단하지? 너는 오늘 하루 어떻게 보냈니?"라는 내 물음에 아이가 마음의 문을 열고 이렇게 대답해주었던 것처럼 말이다. "곧 학급발표회가 있어서 이런저런 준비를 하며 보냈어요. 엄마 생각엔 발표회 주제로 이게 어떤 것 같으세요?"

이뿐만이 아니었다. "엄마는 오늘 강연에서 유니세프 현지 시찰을 갔을 때 만난 아프리카 꼬마친구 얘기를 해주고 왔어." "그럼 다음엔 우리 학교에 와서 반 친구들에게도 그 이야기를 들려주세요."

이렇게 나부터 나의 하루를 이야기하자 대화가 술술 이어졌다. 부모가 아이에게 하루 동안 있었던 일들을 보고하면 아이도 기꺼이 부모에게 자신의 하루를 털어놓는다. 상대가 어떤 하루하루를 보내고 있는지 알면 서로에 대한 이해가 쌓여 견고한 부모자식 관계를 만들 수 있다.

그렇게 되면 아이에게 어떤 문제가 발생했을 때에도 부모가 보다 빨리 이를 알아차려 아이의 몸과 마음을 보듬을 수 있다. 반대로 아이와 제대로 소통하지 못하면 아이가 학교에서 또는 친구 사이에서 어떤 불쾌한 일을 겪어도 부모가 즉각적인 도움을 줄 수 없게 된다. 아이가 쉽게 속마음을 털어놓을 수 있는 환경을 만들어야 하는 이유는 바로 이 때문이다.

나 같은 경우에는 나의 개인적인 문제와 고민을 항상 아들들과 함께 나눴다.

"엄마가 오늘은 말을 더 잘하고 싶었는데 그만 실패했지 뭐야."

"괜찮아요, 엄마. 저도 오늘 달리기를 더 잘하고 싶었는데 그러질 못했거든요."

이렇게 아이에게 고민을 털어놓는 방법으로 아이도 자신의 고민거리를 이야기할 수 있도록 한 것이다.

아이와의 대화 유지를 중시해 이렇게 말하기도 했다.

"무슨 일이든 엄마에게 얘기해줘. 엄마가 주의 깊게 경청할게. 어려운 일이면 함께 고민도 해주고. 그러니까 혼자 속으로 끙끙 앓지 않기."

사실 자나 깨나 자식을 위하고, 걱정하며, 언제든 아이와 마음을 나눌 준비가 되어있는 건 세상 어느 부모나 마찬가지다. 다만 이러한 마음을 전하는 데 조금 소극적이거나 서툴 뿐, 아이에게 마음만 제대로 전달한다면 얼마든지 아이와의 소통의 길을 열어둘 수 있다.

그렇게 되면 요즘 우리 아들들이 내게 말하듯 도리어 이런 말을 듣게 될지도 모른다.

"엄마, 무슨 어려운 일 있으면 언제든 말씀하세요. 우린 가족이잖아요."

나는 아들들이 어렸을 때부터 아이에게 내 친구들을 소개시켜주었다. 그러자 아이들도 자연스레 자신의 친구를 내게 소개해주었다. 예를 들면 이런 식이었다.

"○○삼촌에게는 쌍둥이 형제가 있어!"

"엇! 우리 반에도 쌍둥이인 친구가 있는데!"

그 후 어느 날 아이는 자신이 말했던 쌍둥이 친구를 데려와 내게 인사시켜주었다. 아들과 각자 친구의 근황을 나누기도 했다.

"△△이모의 아버지가 편찮으시대."

"아, □□ 네 아빠도 지금 병원에 입원해 계시는데…."

부모로서 아이가 어떤 친구를 사귀고 있는지 자꾸만 관심이 가서였다. 내 친구를 소개해주면서 아들들의 교우관계를 좀 더 적극적으로 파악하고자 했달까? 물론 지나친 간섭은 해서도 안 되고 하지도 않았지만, 아이가 누구와 어울리고 또 그 친구들은 어떤 성격인지를 미리 파악하고 나니 조금은 안심이 되었다. 덤으로 나는 아들들의 친구들과, 아들들은 나의 친구들과 조금씩 친해지면서 서로에게 새로운 대화상대가 늘어났는데, 나이를 초월한 친구를 사귄다는 건 정말 행복한 일이었다.

이뿐만 아니라 나는 아들들과 요즘 읽고 있는 책이나 즐겨 듣는 음악 등에 대해서도 이야기를 나누고, 서로에게 좋아하는 작품을 추천해주기도 했다. 이러한 과정을 통해 아이가 무슨 생각을 하고 있고, 또 어떤 일에 관심을 가지고 있는지 자연스럽게 알 수 있었다. 그리고 무엇보다도 서로를 더 깊이 이해할 수 있게 되면서 유쾌한 시간이 늘어났다.

일방적으로 아이의 말을 들으려고만 한다는 건 부모가 자식을 어린아이로 취급한다는 뜻이다. 부모가 아이를 자신과 대등한 인격체로 대해주면 아이도 부모에게 마음을 열고 어른의 마음을 이해해줄 것이다.

아이 진정한 소통을 원한다면 아이의 나이가 몇이든 하나의 인간으로 대하는 것이 가장 중요하다.

어떤 의미에서 보면 나와 어머니의 양방향 소통은 서로에 대한 일종의 '보고의 의무'에서 시작되었다고 할 수 있다. 학교에 가도, 친구와 놀아도 어머니에게 보고를 하기 위해 날마다 온갖 이야깃거리와 결론을 찾고 있었으니 말이다. 그런데 정말 불가사의한 일은 이렇게 매일 이야깃거리를 찾는 과정을 통해 어느새 나도 모르게 하루하루 목표를 가지고 움직이게 되었다고 느낀다는 것이다.

'스스로 선택하는 아이'로 키우고 싶다면

인생은 끊임없는 '선택'의 과정으로 하루하루의 선택이 우리의 인생을 결정한다고 해도 과언이 아니다. 현명한 선택을 한 사람은 행복이 충만한 삶을 살 수 있고, 어리석은 선택을 한 사람은 고생스러운 삶을 살 수밖에 없다.

그런 의미에서 양육의 큰 목표는 인생의 갈림길에 섰을 때 가장 현명한 선택을 할 줄 아는 사람으로 키우는 데 있다고 할 수 있다. 이를 위해서는 어려서부터 아이가 스스로 선택을 할 수 있도록 하는 선택 훈련이 필요하다. 부모가 아이의 선택을 대신할 것이 아니라 아이에게 가능한 더 많은 선택의 기회를 주는 것이 무엇보다 중요하다.

예컨대 냉장고 문을 열면서 이렇게 물어볼 수 있다.

"오늘 점심에는 뭘 먹고 싶니? 같이 냉장고 안을 살펴볼까? 감자가 있고, 돼지고기도 있네. 이 재료로 뭘 만들 수 있을까? 크로켓? 돼지고기 생강구이?"

이렇게 아이의 자그마한 머리에 정보를 주입해주는 것이다. 이때 핵심은 어떤 재료가 있는지 먼저 보여주고 어떤 음식을 만들 수 있는지 상상하게 한 다음 다시 "뭘 먹고 싶니?"라고 묻는 것이다. 그냥 뭘 먹고 싶으냐고 물으면 아이는 "아무거나"라는 대답으로 넘어가는 게 보통이기 때문이다. 그러나 먼저 재료에 대한 정보를 제공하고, 상상하게끔 한 다음 다시 선택의 기회를 주면 아이는 스스로 생각해 답을 낸다. 이러한 방법을 통해 아이는 스스로 선택하는 연습을 할 수 있다.

지극히 사소한 일이지만 아이의 의견을 묻지도 따지지도 않고 부모가 대신 결정을 내리는 것보다 아이를 선택의 과정에 참여시키는 것이 낫다.

아이는 그 과정에서 선택하는 방법을 배우고 또 자신의 선택의 결과를 체험할 수 있기 때문이다.

마찬가지로 부모가 아이의 옷을 골라 입히기보다 아이 스스로 생각하고 결정하게 해야 한다. 기계적으로 "오늘은 뭘 입고 나갈래?"라고 묻지 말고 "오후에는 쌀쌀해질 것 같은데 어떤 옷을 입으면 좋을까?", "어제는 빨간색 옷을 입었었지? 그럼 오늘은 무슨 색 옷을 입을까?", "오늘은 생일파티가 있는 날인데 어떤 옷을 입고 싶어?" 등과 같이 아이의 판단을 도울 수 있는 정보를 제공한 다음 다시 아이 스스로 결정할 수 있게 하자.

그러면 아이는 자신에게 가장 적합한 옷을 선택할 것이다. 이러한 과정을 통해 아이는 스스로 상황을 판단하고, 그에 걸맞은 선택을 내리는 훈련을 하게 된다. 이와 같은 과정을 어려서부터 끊임없이 연습하면 매순간 현명한 선택을 하는 사람으로 성장할 수 있다.

우리 집 큰아들이 유치원에 다닐 때 나는 미국 스탠퍼드대학교에서 박사 과정을 밟는 중이었다. 미국의 유치원에 대해 별로 아는 것이 없던 나는 교수님에게 조언을 구했고, 교수님은 이렇게 답해주었다.

"몬테소리 법으로 교육하는 유치원이 있는데 그곳이 썩 괜찮은 것 같더군."

한창 몬테소리 교육법(이탈리아의 여의사인 몬테소리의 교육철학을 바탕으로 한 유아교육방법-옮긴이)으로 유행이던 때라 나는 조금의 망설임도 없이 아이를 그 유치원에 보내기로 결정했다.

그러나 큰아들은 그 유치원을 좋아하지 않았고, 아침마다 등원하기 싫다며 울기 일쑤였다. 마음씨 좋은 원장님이 특별히 가정방문까지 해가며 아이와 소통을 해보려 노력했지만 아이의 마음은 좀처럼 바뀌지 않았다. 그제야 나는 한 가지 사실을 깨달았다. 애당초 아이에게 그 유치원에 가겠느냐고 물어본 적이 없었던 것이다.

그 후 나는 직접 큰아들을 데리고 다니며 여러 유치원을 참관했다. 왜인지는 모르겠지만 그중에서 아들은 스탠퍼드대학교 내에 있는 작은 유치원을 무척이나 마음에 들어 하며 "여기가 좋아"라고 분명히 뜻을 밝혔고, 금세 그 안의 친구들과 어울려 놀기 시작했다. 한껏 신이난 아들의 모습을 보며 나는 처음부터 아이 스스로 선택할 수 있게 해줄 걸 하고 반성했다.

자신이 선택한 유치원으로 옮긴 후 큰아들은 매우 활동적으로 변했고, 얼마 지나지 않아 영어 실력도 월등히 향상되었다. 매일 울며불며 유치원에 가기 싫다고 했던 때가 정말 있었나 싶을 정도로 아들은 유치원을 좋아하는 아이가 되었다.

물론 아이는 때때로 잘못된 선택을 하기도 한다. 아이스크림을 살 때 분명 자신이 직접 골라놓고 정작 맛을 보고는 맛이 없다며 불평을 한다든지 말이다. 이때 부모는 "그럼 다른 거 사자", "그럼 엄마랑 바꿔 먹자"라는 말을 절대 해서는 안된다.

생사가 걸린 문제라면 물론 얘기가 달라지겠지만, 그렇지 않다면 아이가 잘못된 선택을 했을 때 그 쓴맛을 보게 하는 것 역시 교육이 일환이다.

아이가 실패를 경험한 후에는 "더 나은 선택은 없었을까?" 또는 "왜 이 아이스크림을 골랐니?"라고 질문을 던져 아이와 대화를 나누는 게 중요하다. 아이가 "안 먹어본 맛이니까", "색깔이 예뻐서" 등의 이유를 설명했다면 부모가 다시 조언을 건넬 차례다. "먼저 맛을 보고 고르는 게 낫겠다. 그치?" 그러면 나중에 같은 상황을 마주했을 때 아이가 먼저 맛을 보고 고르겠다고 말할 것이다.

현명한 선택을 할 수 있느냐 없느냐는 유전인자로 결정되지 않기에 후천적으로 경험을 쌓고 연습해야 한다. 부모가 아이에게 더 많은 선택의 기회를 제공할수록 아이는 더 많은 것을 배울 수 있다.

아들의 한마디

내가 어른이 되어 사회생활을 시작하고 나니 무엇보다 결단력이 가장 중요한 능력이라는 것을 알게 되었다. 첫째, 과감하게 선택하지 못하는 사람이 많아서. 둘째, 올바른 선택을 하기가 어려워서. 그리고 셋째, 잘못된 선택을 하고도 그 결과에 책임을 지는 사람이 적어서. 이는 어려서부터 올바른 선택을 하는 방법을 배우고, 자신의 선택에 따른 결과에 책임을 지는 연습이 필요한 이유이기도 하다. 내 인생에서 가장 어렵고 중대한 선택은 일본에 있는 가족 곁을 떠나 미국의 기숙사 고등학교에 진학한 것이다. 당시 내 나이가 고작 열네 살이었으니, 모든 선택권을 내게 쥐어준 부모님의 용기가 새삼 대단하다는 생각이 든다. 다른 무엇보다도 스스로 그런 결단을 내리고, 내 선택에 책임지기 위해 열심히 노력해온 경험이 좀 더 단단한 나를 만들어준 것에 의심의 여지가 없다.

남과 비교할 때
아이에게 일어나는 참사

아이들에게는 모두 저마다의 특징이 있다. 그렇기에 모든 아이가 같은 방향, 같은 속도로 성장하기를 기대해서는 안 된다. 잘하는 일과 서툰 일도 저마다 다 다르다. 그러나 대부분의 부모는 자신의 아이가 평균적인 수준으로 성장하고 있는지를 확인하기 위해 자신의 아이를 다른 집 아이와 끊임없이 비교하려 한다. 물론 나 역시 엄마이기에 이런 마음은 십분 이해한다. 하지만 지나친 비교는 아이에게 아무런 도움이 되지 않을 뿐더러 오히려 악영향을 줄 수 있다.

실제로 많은 심리학자가 이런 말을 했다.

"아이를 다른 집 아이와 비교해서는 안 된다. 비교를 하는 과정에서 자신이 남보다 우위에 있다고 느낀 아이는 '내가 남보다 뛰어나다'고 오해해 다른 사람을 무시하기 시작할 것이다. 반면 '내가 남보다 못하다'고 느낀 아이는 부끄러움에 점차 자신감을 잃고 끝내는 자신에게 어떤 잠재력이 있는지 알지 못한 채 가능성마저 낮아질 것이다."

부모가 아이를 남과 비교하면 아이의 자기 가치 확인 (self-affirmation)* 능력이 저하된다는 뜻이다. 요컨대 자녀교육의 기본은 자기 가치 확인 능력을 가진 아이로 키우는 것이라 할 수 있다. 자기 가치 확인 능력이 뛰어난 아이는 타인과 자신을 분리해서 생각하는 능력을 기르게 돼 남과 자신을 비교하지 않으며 어떤 상황에서든 자신이 가치 있는 사람임을 잊지 않는다.

또한 다른 사람의 행복을 질투하지 않고, 타인의 성공에 진심으로 기뻐하며 축하해줄 줄 안다. 그렇기 때문에 자신보다 뛰어난 사람에게서 배울 점을 찾고, 자신의 도움을 필요로 하는 사람에게 기꺼이 손을 내밀기도 한다.

아이는 부모의 부속품도, 어른의 미완성 버전도 아닌 하나의 온전한 '개체'다. 부모가 아이의 뜻과 개성, 능력, 잠재력을 존중해주고, 진심으로 아이를 독립적인 인격체로 대할 때 아

---

* 긍정적으로 자신을 받아들이고 인정하며 평가할 줄 아는 능력

이는 비로소 자기 가치 확인 능력을 가지고 두려움 없이 용감하게 꿈을 좇을 수 있다.

한마디로 자기 가치 확인 능력이 뛰어난 아이는 다른 사람을 질투하거나 무시하는 법 없이 의연하고 정직하게 성장한다.

반면 어려서부터 늘 비교를 당하며 자란 아이는 타인의 눈과 생각에 연연하게 된다. 자신도 모르는 사이에 '저 애가 나보다 귀엽네!', '저 애는 나보다 공부를 잘하잖아!'라고 남들과 자신을 비교하며 질투하게 되는 것이다. 뿐만 아니라 자책하지 않아도 될 일을 자신의 탓으로 돌리며 괴로워하는 등 스스로 괜한 스트레스를 받기도 한다.

한편 타인과의 비교를 통해 '내가 더 똑똑해', '내가 더 예뻐', '내가 더 힘이 세지'라고 우월감을 느끼는 아이들도 있다. 문제는 누군가를 깔봄으로써 얻는 우월감이 그리 오래가지 않는다는 데 있다. 즉, 타인과의 비교를 통해 우월감을 느끼는 아이는 소위 우월감이라는 자기 위안을 얻기 위해 계속해서 자신보다 약하고, 불행한 사람을 찾게 되는 것이다.

알다시피 이러한 인생은 피곤할 수밖에 없다. 왜? '끝이 없을 테니' 말이다. 제아무리 빼어난 미모를 타고났다 하더라도 세상에는 그보다 더 아름다운 사람이 있기 마련이고, 제아무리 명석한 두뇌와 건장한 몸을 가졌다 하더라도 살다 보면 더 똑똑하고 힘 있는 사람을 만나기 마련이다.

이렇듯 남과 비교하는 것이 습관이 되어버리면 자신의 인생에서 만족감을 느끼기 어렵다. 그러니 아이를 다른 누군가와 비교하지 말고, 아이에게도 자신과 남을 비교할 필요가 없다는 사실을 가르쳐야 한다.

스스로와 경쟁할 때
아이의 잠재력이 발휘된다

비교는 다른 누군가가 아닌 오직 나 자신과 해야 하는 것임을 알려주는 게 중요하다. 예컨대 아이가 다른 친구들처럼 달리기를 잘하고 싶다고 말한다면 이렇게 말해보자.

"우리 OO는 달리기를 잘하고 싶구나! 그럼 엄마(아빠)와 함께 노력해볼까? 다른 친구들이 아니라 어제의 너와 겨뤄보는 거야!"

그런 다음 아이와 함께 공원으로 가 달리기 연습을 시작하는 것이다. 그렇게 아이가 조금이라도 발전하는 모습을 보인다면 진심으로 이를 칭찬해주어야 한다. 자기 자신과 경쟁하는 것이야말로 정말 의미 있는 일임을 아이 스스로 깨달을 수 있도록 말이다.

그럼에도 내 아이가 남들에게 비교당하는 일은 발생한다. 나 역시 마찬가지였다.

"엄마, 내가 다른 애들보다 못생겼어요?"

큰아들이 초등학생 때 불쑥 내게 던졌던 질문이다.

"왜? 누가 뭐라고 그랬어?"라고 나는 되물었고, 아이는 이렇게 대답했다.

"같은 반 친구가 그러더라고요."

그때 나는 뭐라고 말했을까? 나는 아이와 함께 거울 앞에 서서 이렇게 말했다.

"이것 봐. 엄마랑 너랑 똑 닮았지?"

그러자 아들은 고개를 저으며 "모르겠는데요"라고 대답했다. 그래서 나는 내 어린 시절 사진을 꺼내 보여주며 "어때? 닮았지?"라고 물었다. 사진을 본 아들은 "진짜 똑같다!"라며 크게 웃었다.

이에 나는 아이의 눈을 바라보며 다시 물었다.

"그럼 우리 아들이 보기에는 엄마가 못생긴 것 같니?"

아이는 고개를 저으며 말했다.

"엄마는 예뻐요!"

"엄마가 예쁘면 엄마랑 붕어빵인 우리 아들도 예쁜 거네!"

나는 이렇게 말하며 아이를 꽉 안아주었다. 그리고 진지하게 아이에게 말했다.

"얼굴이 예쁜 것보다 마음이 예쁜 게 훨씬 더 중요하단다. 아무리 빼어난 외모를 타고났어도 마음이 못생긴 사람은 아무도 사랑해주지 않거든. 그런데 그거 아니? 얼굴을 가꾸는 데에는 한계가 있지만 마음은 얼마든지 예쁘게 갈고 닦을 수 있다는 거."

내 이야기를 들으며 고개를 끄덕이던 아이의 얼굴에는 미소가 번졌고, 아이는 그 웃음 띤 얼굴을 그대로 간직한 채 성인이 되었다.

아이가 자신감을 가지고 있는 그대로의 자신을 받아들이게 되면 가슴을 활짝 펴고 당당하게 하루하루를 살아갈 수 있다. 그리고 그래야만 아이가 마음껏 자신이 가진 잠재력을 발휘할 수 있다.

아이를 있는 그대로 온전히 받아들이고, 그가 가진 장점을 발휘할 수 있도록 돕고 보호하는 것! 이것이야말로 부모로서 가장 중요한 역할이다.

아들의 한마디

'남과 비교하지 말자', '나의 비교상대는 나뿐이다.' 어른이 된 지금도 나는 여전히 이 말들을 자주 되새긴다. 일을 할 때에는 물론이고 취미생활이나 사회생활에도 마찬가지다. 솔직히 나는 어렸을 때 자신감이 부족한 사람이었다. 특별히 잘하는 것도 딱히 없어서 학교생활을 할 때면 움츠러들 때도 많았다. 그러나 자신감이 떨어질 때도 그저 나와의 경쟁을 했을 뿐 남들과 비교하며 초조해하거나 질투하지 않고 매순간 냉정하게 대처할 수 있는 힘이 나에게는 있었던 것 같다. 그리고 그 모든 게 바로 어려서부터 부모님이 나에게 끊임없이 가르쳐온 '자기 확인 능력' 덕분이라는 것을 이제는 알 수 있다.

어른들의 대화에 참여시킬 때 일어나는 효과

"어른들 이야기 중이니까 너희는 저쪽에 가서 놀아."

엄마들 모임에서 자주 나오는 말이다. 실제로 어른들은 이야기를 나누고, 아이들은 다른 곳에서 장난감을 가지고 놀거나 게임을 하는 모습은 흔한 풍경이다. 그러나 이는 정말 안타까운 일이 아닐 수 없다.

어른들의 대화 속에서 아이들이 배울 수 있는 것이 정말 많기 때문이다. 사회적 문제라든가 어른의 고민, 학교에 대한 화제, 가족 간의 문제해결방법 등 아이에게는 모두 이 사회를 이해할 수 있는 수업인 셈이다.

어른들의 말하기 기술이나 유머감각, 단정한 몸가짐, 우아

한 행동거지 등 아이는 어른의 일거수일투족을 모방하며 자연스럽게 TPO에 맞는 행동요령을 파악할 수 있다. 물론 그렇다고 모든 대화에 아이를 참여시킬 필요는 없지만 어른들의 대화에만 집중해 매번 아이와 어른을 분리하는 건 반대다.

그럼 어떤 부모는 이렇게 생각할지도 모른다. '어른들이 하는 말을 애들이 이해도 못할 텐데 굳이?' 하지만 그렇지 않다. 약간의 훈련이 필요하긴 하지만 아이도 얼마든지 어른의 대화를 따라갈 수 있다. 예를 들면 엄마가 친구들과 대화를 나눌 때 이따금 아이에게 이렇게 물어보는 것이다.

"네 생각은 어때?"

아이에게 화제를 던져주는 일이 습관이 되어 아이가 귀를 쫑긋 세우고 어른들의 대화를 주의 깊게 경청할 수 있도록 말이다. 그러면 아이는 자신이 대화에서 배제되지 않았으며, 의견도 낼 수 있다는 사실을 인식하고 어른들의 대화내용을 이해하기 위해 열심히 경청할 테고, 그렇게 조금씩 자신의 의견을 말하는 일에도 자신감이 생길 것이다.

아이는 대화참여를 통해 경청능력을 키우고, 타인의 말을 이해하는 '이해력'을 높일 수 있다. 대화내용을 놓치지 않고 따라가다 보면 '집중력' 향상에도 도움이 되며, 자신의 의견을 반드시 말해야 하는 상황에 놓이기 때문에 생각하는 습관을 기르는 데에도 도움이 된다. 또한 간결하고도 힘 있는 의견을 이야기하기 위한 '요약 능력'을 키우는 훈련도 할 수 있다.

아이에게 이렇게 좋은 기회를 제대로 활용하지 않는다는 건 정말 말도 안 되는 일이다. 조용히 다른 사람의 말에 귀를 기울여 풍부한 지식과 화제를 얻을 줄 아는 아이는 학교에서 나 일상생활에서나 더 이상 인간관계를 두려워하지 않고 적극적으로 교류하는 사람이 될 것이다.

아이들은 어른들의 말을 이해하지 못할 거라 단정하지 말고 어른들의 대화에 아이를 참여시켜보자. 그러면 아이들은 의외로 흥미로운 의견을 내 대화에 활력을 불어넣고, 또 가끔은 어른조차 깜짝 놀랄 만큼 신선한 발상으로 어른의 고정관념을 깨줄 것이다.

이 밖에도 나는 간혹 아이와 어른의 고민을 나눌 필요도 있다고 생각한다. 아이가 '엄마아빠도 모두 힘들지만 열심히 노력하고 계시구나!'라는 생각을 가지고 사회생활이 무엇인지를 차차 알아갈 수 있도록 말이다.

자식을 너무 어린아이로만 취급하지 말고 독립적인 한 인간으로서 어른의 대화에 참여시키자. 이는 아이가 빠르게 성장할 수 있는 지름길이기도 하다.

우리 가족은 매년 한두 번씩 어머니의 친정으로 친척들을 만나러 갔다. 그런데 친척들과 함께 십여 명의 일행이 식당에 가면 이상하게도 항상 어른용 테이블 따로, 아이용 테이블 따로 나눠 앉아야 했다. 지금이니 하는 얘기지만 사실 우리 삼형제는 아이용 테이블에 따로 앉는 것을 싫어했다. 집에서는 매일 저녁 한 테이블에 둘러앉아 어른들과 대등하게 뉴스, 영화, 정치 등의 이야기를 나누는데 친척들만 만나면 왜 어린아이 취급을 받아야 하는 건지 이해가 되질 않았다. 어쨌든 내가 단언할 수 있는 한 가지는 어른들의 대화에 참여했던 경험이 학교, 사회, 그리고 업무적으로 필요한 능력을 키우는 데 확실히 도움이 되었다는 사실이다. 어른과 대등하게 이야기를 나누기 위해서는 나의 의견이 있어야 했고, 그 의견을 자신의 언어로 분명히 표현할 줄 알아야 했으며, 의견에 대한 다른 정보도 미리 알아둘 필요가 있었다. 이러한 훈련을 매일 하다 보니 어느새 무시할 수 없을 만큼의 지식과 경험이 쌓이게 되었고, 이를 통해 다시 자신감을 얻을 수 있었기 때문이다.

어릴 때부터
집안일을 시켜야 한다

요즘은 가족들이 함께 집안일을 어떻게 분담할지 결정하는 집이 많다지만 우리 집은 가사분담을 명확하게 나누지 않았다. 세 아들에게도 집안일은 가족 모두에게 책임이 있는 일이라고 가르쳤다. 그렇기에 누구든 한가할 때에는 집안일을 도와야 하며, 누군가 먼저 집안일을 마쳤다면 각자가 해야 할 일을 덜어준 것이니 고마워할 줄 알아야 한다고 말이다.

내가 굳이 아이들에게 임무를 나누어 맡기지 않은 데에는 나름의 이유가 있었다. 누구는 신문 가져오기, 누구는 쓰레기 버리기, 또 누구는 화분에 물주기 이렇게 각자 할 일을 나누면 보통의 아이들은 정말 자신에게 주어진 일만 완료하고 자신의 책임을 다했다고 생각하기 때문이었다. 실제로는 빨래와 설거지 등 다른 집안일이 쌓여있어도 말이다.

그래서 우리 집에서는 집안일을 가족 모두의 공동 책임으로 삼고, 모두가 함께 하는 것을 원칙으로 했다. 예를 들어 식사를 준비할 때에는 대화를 나누며 함께 요리를 하고 상을 차렸으며, 식사를 마친 후에도 함께 뒷정리와 설거지를 하는 식이었다. 빨래 개기, 물건 구매하기, 대청소 등도 모두가 함께 했는데, 이렇게 함께하다 보면 각자의 부담이 줄어들었다.

때로는 집안일을 잠시 미루고 휴식을 취하기도 했다. 한 번은 식사를 마치고 가족이 함께 소파에 앉아 이야기를 나누었는데 얼마 후 막내아들이 이렇게 말했다.

"형은 내일 시험이 있으니까 오늘은 제가 정리할게요."

그러고는 두 손을 걷어 부치고 집안일 돕기에 나섰다.

이따금 일이 늦게 끝나 저녁 준비를 서둘러야겠다고 생각하고 집에 돌아온 날에는 어김없이 구수한 밥 냄새가 나를 반겼다. "저녁 준비 다 해놨어요"라고 입을 모으는 남편과 아이들을 볼 때마다 나는 말로 또 표정으로 고마움을 표현했다.

먼저 집에 돌아온 사람이 집안일을 시작하고, 다른 사람은 고마움을 표하는 것. 이는 변하지 않는 우리 집의 룰이다.

가사를 분담하면 "이건 네가 할 일이잖아. 그런데 왜 내가 해야 해?"라는 불만이 생길 수 있다. 임무를 나누지 않아야

'무엇을 자진해서 해야 할지'를 알고, 그 중요성을 깨달을 수 있다. 요컨대 자신에게 해야 할 일이 주어졌기 때문이 아니라 다른 사람의 부담을 덜어주고, 다른 사람에게 기쁨을 주기 위해 일을 해야 한다는 사실을 몸소 깨달을 수 있어야 한다. 그러면 학교에서나 직장에서나 환영받는 사람이 될 수 있다.

어려서부터 집안일을 함께하는 것만으로 아이는 해야 할 일을 주체적으로 하는 사람이 된다.

참고로 우리 큰아들은 초등학교에 다닐 때 학교에서 일하는 아주머니를 도와 교내 청소를 돕고는 했는데, 당시 그 아주머니가 내게 얼마나 고마워했는지 모른다. 아들은 그저 집으로 돌아오기 전 잠깐 시간을 내면 할 수 있는 일이었기에 당연히 도와드렸을 뿐이었지만 말이다.

둘째 아들도 대학시절 친구들과 함께 기숙사 생활을 할 때 항상 친구들을 위해 식사 당번을 자처했고, 덕분에 친구들 사이에서 인기 만점이었다.

내가 미국으로 아이들을 보러 갔을 때에는 이런 일도 있었다. 나와 아들들이 함께 길을 걷고 있던 중에 갑자기 세 아들이 같은 방향으로 뛰기 시작한 것이다. 알고 보니 어디선가 날아온 보드에 자칫 어린아이가 맞을 수도 있는 상황이었다.

큰 아들은 서둘러 보드를 막아냈고, 둘째 아들은 아이를 감쌌으며, 막내아들은 주위의 행인을 보호했다. 순식간에 세 사람이 어찌나 일사분란하게 움직이는지 나는 정말 깜짝 놀랐다. 보드의 주인과 그 어린아이의 부모에게 감사인사를 받는 아들들을 보며 내심 뿌듯하기도 했다.

어떤 일이든 자신이 책임을 지고, 스스로 처리해야 한다는 것. 이는 따로 가사분담을 하지 않은 우리 집 가풍을 통해 배운 정신이 아닐까 싶다.

2장

아이가 하지
않았으면 하는 일은
부모도 하지 않는다

아이는 부모의 행동을
가장 먼저 배운다

아이가 하지 않았으면 하는 일은 부모도 절대 해서는 안 된다. 아이에게는 "다른 사람 험담을 하면 못써"라고 말하면서 정작 본인은 남들의 흉을 보거나 뒷담화를 일삼는다면 아이는 말과 행동이 다른 어른의 모습에 혼란을 느끼게 된다.

문제는 부모가 무심결에 타인을 향해 내뱉은 몹쓸 말을 듣고 아이도 자신의 친구에게 똑같이 말을 하게 된다는 점이다. 아이를 위한다면 부모도 평소 자신의 언행에 주의를 기울여야 한다.

엄마가 되고 나서 나의 삶에는 커다란 변화가 생겼다. 예전에는 워낙 잠이 많아서 좀처럼 아침 일찍 일어나지 못했는데 엄마가 된 후부터는 매일 아침 일찍 일어나 아이들의 아침밥과 도시락을 챙겼다. 처음에는 조금 힘에 부치기도 했지만 시간이 지날수록 기분 좋게 아침을 맞이할 수 있었다.

그리고 무엇보다 큰 변화는 "너무 피곤하다", "졸려 죽겠네"와 같은 말 대신 항상 "너희와 함께여서 엄마는 정말 즐거워", "엄마가 만든 밥을 너희가 맛있게 먹어줘서 정말 기쁘다"라는 등의 긍정적인 말만 하게 되었다는 사실이다. 그런 덕분인지 우리 집 세 아이는 아침에 늦잠 자는 일 없이 항상 신속하게 준비를 마쳤고, 불평은커녕 신나게 가방을 메고 집을 나섰다.

아이는 부모의
뒷모습을 보며 자란다

대중교통을 이용하다 보면 아이에게 에티켓을 지켜야 한다고 타이르는 부모를 심심찮게 볼 수 있다. 그러나 정작 아이를 데리고 탄 부모가 공공예절을 지키지 않아 눈살을 찌푸리게 하는 경우도 종종 보인다.

나는 세 아들이 어렸을 때부터 공공장소에서 지켜야 할 예절을 가르쳤다. 그리고 지하철을 탈 때에는 절대 세 아이를 나란히 앉히지 않고 반드시 그 중간에 부모가 자리를 잡았다. 아이들이 공공장소에서 조용하고 편안하게 머물 수 있도록 나름의 노력도 했다. 예컨대 "공공장소에서 말을 할 때에는 목소리를 낮춰야 해"라고 미리 주의를 주고, 아이들이 지루해하지 않도록 작은 장난감이나 간식 등을 챙겼다. 행여 아이가 울면 아이들을 데리고 곧장 사람이 적은 객실로 이동했다. "객실은 모든 사람들이 편안하게 공유하는 곳이라 큰 소리로 떠들면 안 돼"라며 수시로 아이들을 가르치기도 했다.

아이들이 지하철이나 버스 안에서 소란을 피우는 등 사람들의 반감을 사는 행동을 한다면 사실 그 책임은 부모에게 있다. 부모가 자기들끼리 수다를 떨거나 휴대전화를 보는 데 정신이 팔려 아이들을 제대로 단속하지 않으면 아이들은 당연히 소란을 피울 수밖에 없다. 어떤 장소를 가든 아이가 지루함을 느끼지 않도록 미리 준비를 해야 하는 이유는 바로 이 때문이다. 아이에게 준비한 물건을 쥐어주고 조용히 해야 하는 이유를 차분히 설명한 다음 함께 시간을 보내면 문제가 발생하지 않는다.

요컨대 아이가 공공장소에서 에티켓을 지켜주길 바란다면 부모가 먼저 모범을 보여야 한다. 자신은 아무렇지도 않게 큰 소리로 이야기를 하거나 매너 없는 모습을 보여서는 안 된다는 뜻이다.

객관적인 시선으로 봤을 때 나쁜 습관들은 부모가 되었다면 반드시 끊어내야 한다.

아이가 무언가를 하지 않길 원한다면, 부모도 절대 그 무언가를 해서는 안 된다는 사실을 명심하며, 아이의 성장과정에 좋은 본보기가 될 수 있도록 노력하자.

어려서부터 우리 집에서 정말 자주 사용하는 말이 있다. 바로 '당연히'다. "공공장소에서는 조용히 하는 게 당연해", "자신의 앞 접시에 던 음식은 당연히 남기지 않고 다 먹어야지"… 그리고 이렇게 '당연하다'고 표현하는 일은 어른, 아이 할 것 없이 한 사람으로서 마땅히 고려해야 할 '당연함'인 경우가 대부분이다. 늘 이런 이야기를 들으며 자라와서인지 '당연한' 일을 지키는 것이 어려서부터 습관으로 확실히 자리 잡게 되었다. 이런 나의 경험을 돌이켜보면 당연한 일을 당연하게 받아들이고, 또 당연하게 행동으로 옮기는 태도는 어린 시절 몸에 밴 습관이 성인이 되어서까지 이어져오는 것 같다. 내가 그랬던 것처럼 말이다.

자기중심적인 아이에게 부모가 해야 할 말

슈퍼마켓에서 이거 사줘, 저거 사줘 떼를 쓰는 아이, 공공장소에서 이리저리 뛰어다니며 부모의 만류에도 아랑곳 않는 아이, 그러다 부모에게 혼이 나면 온 바닥을 뒹굴며 목놓아 울거나 부모를 때리는 아이 등, 우리 주변에서는 생각보다 자기중심적인 아이들을 흔히 볼 수 있다.

이뿐만이 아니다. 대중교통을 이용할 때 곁에 노약자가 있어도 자리를 양보하지 않는 젊은이나 자신이 좋아하는 것이라는 이유로 주변사람과 나누려하지 않고, 다른 사람이 자신의 음식을 먹거나 물건을 사용하면 불같이 화를 내는 사람도 있다.

요컨대 자기중심적인 아이는 무언가에 대한 독점욕이 매우 강해 무슨 일이든 자신을 중심으로 생각하는 경향이 있다.

만약 내 아이가 이 같은 경향을 보인다면 부모는 마땅히 이를 고쳐주어야 한다. 그대로 성장하게 둔다면 타인에게 폐를 끼치는 사람이 될 수 있을 뿐만 아니라 진정한 친구를 사귀기도 어려워 결국 외로운 인생을 살 수밖에 없게 되기 때문이다. 형제자매 사이에는 참아준다 하더라도 학교 친구들은 이기적인 아이를 점점 멀리하게 될 테니 말이다.

그렇다면 어떻게 해야 아이의 자기중심적인 사고와 행동을 고칠 수 있을까?

이를 위해서는 어릴 때부터 '선의를 베푸는 기쁨'을 맛보게 하는 것이 중요하다. 즉, 아이가 선심을 발휘해 타인을 위해 일할 수 있는 기회를 만들어 주어야 한다는 뜻이다. 자신이 한 일이 다른 사람에게 기쁨이 되었다는 것을 느끼면 아이는 더할 나위 없는 행복을 맛보게 될 테니 말이다.

전에 없는 행복감에 마음이 충만해진 아이는 자신이 하고 싶은 대로, 제멋대로 행동할 때보다 더 큰 기쁨을 얻게 되고, 더 나아가 타인을 위하는 새로운 즐거움을 깨닫게 된다.

이러한 느낌이 한 번만 뇌리에 박히면 아이는 자신도 모르는 사이에 행동을 바꾼다. 이때 아이가 타인을 위하는 사람으로 성장할 수 있도록 달라진 아이의 행동을 격려하고 지지하는 일은 어른의 몫이다. 그러기 위해서는 부모가 먼저 다른 사람을 도우며 모범을 보여야 한다.

예컨대 아이와 함께 대중교통을 이용할 때에는 필요한 사람에게 자발적으로 좌석을 양보하는 모습을 보여주고, 왜 자리를 양보해야 했는지를 설명해 타인의 입장에서 생각하는 방법을 가르쳐야 한다.

길에 함부로 버려진 쓰레기를 주우며 "모두가 깨끗한 환경에서 살아가려면 함부로 쓰레기를 버려서는 안 돼", "쓰레기가 보이면 주워야지"라고 아이에게 공중도덕의 중요성을 가르쳐주는 것도 좋은 방법이다.

또한 식당에서 식사를 할 때에는 다른 사람들에게 맛있는 음식을 권하며 모두와 나누는 모습을 보여주고 "함께 나눠 먹으면 더 맛있어"라며 나눔의 즐거움을 알려주어야 한다.

마찬가지로 봉사활동에 참여할 때에도 아이를 데려갈 수 있다면 꼭 함께하길 추천한다.

그리고 신문이나 TV에 분쟁지역에서 사는 아이들에 대한 보도가 나오면 아이와 함께 생각하는 시간을 가져보는 것도 좋다.

"아이들이 정말 참담한 삶을 살고 있네. 우리가 저 아이들에게 도움을 줄 방법이 있을까?"

아이가 자신의 힘으로 타인을 도울 방법을 고민하게 함으로써 자신이 할 수 있는 일이 있음을 깨닫도록 하는 것이 시작이다.

그런 다음 아이에게 선행의 기회를 마련해주는 것이다. 예를 들면 길을 가다 함부로 버려진 쓰레기를 발견했을 때 "어, 저기 쓰레기가 있네!"라고 알려주는 식으로 말이다. 아이가 쓰레기를 주운 후에는 아이를 꼭 안아주며 이렇게 칭찬해 주자.

"기특해라. 덕분에 길이 깨끗해졌네."

집에 돌아가서도 아빠에게 오늘 ○○(이)가 길에 버려진 쓰레기를 주웠다는 사실을 알려 한 번 더 칭찬받을 수 있도록 하자.

이런 일들이 계속되다 보면 아이는 타인을 돕는 기쁨을 뼈저리게 느끼게 될 것이다.

"자기 일도 중요하지만 친구의 일에도 신경을 써야 해"라고 입이 닳도록 이야기를 하면 이기적이고 제멋대로인 아이의 행동도 줄어들게 마련이다.

이런 과정을 거치지 않으면 아이가 말썽을 피울 때 아무리 "이러면 다른 사람에게 민폐야!", "창피하지도 않니?"라고 나무라도 아이는 이해를 하지 못한다. 그러나 타인을 중시해야 한다는 사실을 알면 이기적이고 제멋대로인 행동을 아이 스스로 조금씩 줄여갈 것이다.

어린 시절 내가 저기압일 때면 어머니는 항상 내게 이런 말씀을 하셨다.

"네 생각만 하지 말고 주변 사람들을 생각해봐. 그럼 마음이 좀 가벼워질 거야."

눈앞에 있는 문제는 무시한 채 그저 위로의 뜻으로 건넨 것처럼 보이는 말이었지만 내게는 매번 효과가 있었다. 아이든 어른이든 인간의 가장 근본적인 무력감을 직시해야 할 때가 있다. 그럴 때 자기 자신을 위해 아무 일도 할 수 없다 하더라도 다른 사람을 위해서는 뭔가 할 수 있는 일이 있어야 한다. 이는 자신이 결코 무능하지 않다는 사실을 확인하는 방법이기 때문이다. 타인을 위할 줄 아는 사람은 불안에 떨지 않고 항상 앞으로 나아갈 수 있다.

사소한 것에 감사함을 느끼는
아이로 키우는 방법

고마움이란 자신이 처한 위치와 환경이 거저 얻어지지 않음을 알고 소중히 여기는 마음을 뜻한다.

객관적으로 부유한 나라에서 태어나 살다 보면 생활의 편의를 당연하게 여기고, 더 큰 욕망에 사로잡혀 보다 편안한 생활, 더 맛있는 음식, 더 좋은 집 등을 갈망하기 십상이다.

자신의 현재를 '소중히' 여기기보다 '불만'을 토로하는 사람이 더 많은 이유는 바로 이 때문이다. 심지어 그중에는 친부모나 자신을 키워준 사람들에게조차도 고마워할 줄 모르는 이가 있는데, 이런 사람은 자신의 성공을 모두 자신의 공로로 여긴다. 만약 내 아이가 이런 사람이 된다고 생각하면 정말 끔

찍한 일이다.

사람들은 흔히 "고마워할 줄 모르는 사람은 평생 만족을 느낄 수 없다"고 말하는데 맞는 말이다. 고마움을 모르는 사람은 모두에게 미움을 사 어쩌면 비참한 말로를 맞이하게 될지도 모르기 때문이다. 나는 내 아이가 이런 어른이 되는 것을 원치 않았다. 그래서 아이들이 어렸을 때부터 모든 일에 감사할 줄 알아야 한다고 가르쳤다.

그렇다면 고마워하는 마음은 어디에서 생기는 걸까? '현재 자신이 가지고 있는 것들이 결코 당연한 것이 아님'을 깨닫는 데에서부터 비롯된다.

그러므로 부모는 아이들에게 세상에 당연한 것은 없으며, 우리의 '목숨'도 당연한 것이 아님을 알려줘야 한다. 예를 들면 이렇게 말해줄 수 있다.

"너는 많은 사람들의 마음이 모여 태어난 거야. 할아버지와 할머니가 결혼을 해서 아빠가 태어났고, 훗날 엄마를 만나 여러 장애물을 뛰어넘고 결혼에 골인한 결과 네가 태어날 수 있었으니까 말이야. 하지만 이 또한 아빠엄마가 모두 건강했기에 가능했던 일이야. 거기다 의사선생님이 꼼꼼히 검진을 해주고, 또 엄마가 임신기간 동안 영양섭취를 충분히 했기 때문에 네가 건강하게 태어날 수 있었던 거지. 한마디로 여러 인연과 조건이 모두 모여서 너라는 사람이 태어난 거야. 그러니까 자신의 목숨을 소중히 여기고, 모든 사람과 사건, 사물에 감사해야 해."

마찬가지로 '생존'에 대해서도 이렇게 말해줄 수 있다.

"세상에는 이렇게 힘들게 태어나 제 명을 다하지 못하고 떠나가는 친구들도 많아. 통계에 따르면 전쟁과 가난, 자연재해, 질병 때문에 다섯 살이 채 되기도 전에 세상을 떠나는 친구들이 매년 육백만 명에 달한다고 해."

그런 다음에는 "네가 이렇게 건강하게 살 수 있는 이유는 뭘까?"라는 질문을 던져 아이와 함께 생각해보는 것이다. 그러면 아이는 골똘히 답을 고민한 후에 자신의 생각을 이야기할 것이다.

"아빠엄마가 있어서요", "학교에 갈 수 있어서요", "밥을 먹을 수 있어서요", "깨끗한 물을 마실 수 있으니까요", "배가 아프면 약을 먹을 수 있어서요", "살 집이 있으니까요", "평화로운 나라에 살기 때문이에요" 등과 같이 말이다.

아이에게 진심을 다해 "이 모든 건 결코 당연한 게 아니야. 그러니 모든 것에 감사해야 해!"라고 말하면 아이도 자연스레 고마움을 알게 될 것이다.

고마워하는 마음을 가진 아이는 더 나아가
'보답할 줄 아는' 사람이 될 것이다.

60

자신이 건강하게 열심히 사는 것, 타인을 위해 열심히 일하는 것, 부모에게 효도하는 것 모두가 고마움에 보답하는 일이라고 생각할 테니 말이다. 인생의 고락에 모두 감사하는 마음을 가지고 살아가는 사람이야말로 진정 행복한 사람이다.

이런 아이는 불평을 하거나 포기를 말하지 않고 매사에 적극적이고 진취적으로 열심히 노력하는 사람이 될 것이다.

행복으로 향하는 지름길은 멀리 있지 않다. 고마움을 잊지 않고 날마다 보답하는 마음으로 사는 것, 그것이 바로 행복의 지름길이다. 그러니 부디 세상의 모든 부모가 자신의 아이를 매사에 감사할 줄 아는 아이로 키울 수 있길 바란다.

아이에게 용돈을
주지 않는 이유

인간에게는 왜 돈이 필요할까? 생활을 하려면 필요한 물건을 사야 하기 때문이다. 그럼 최저한도의 생활이 보장되고 물건을 살 필요도 없다면 우리에겐 얼마의 돈이 더 필요할까?

요즘은 그저 종잇조각에 불과한 돈이 한 사람의 인생을 지배한다는 느낌을 주는 세상이다. 그만큼 아이에게 올바른 경제관을 길러주기 어려운 환경이라는 뜻이다.

어떤 부모는 아이에게 경제관념을 심어주기 위해 용돈을 준다고 말한다. 스스로 용돈을 관리함으로써 경제관을 바로 세울 수 있을 것이라면서 말이다. 하지만 이게 과연 최선의 방법일까?

아이에게 용돈을 주면 아이는 무의식적으로 '돈이 생겼으니 사고 싶은 물건을 살 수 있겠다', '돈이 있으니 좋네'라고 생각할 수 있다. '돈이 더 많으면 사고 싶은 것을 다 살 수 있으니 훨씬 좋겠지'라고 생각하는 아이도 있을 수 있다.

물론 '가진 돈은 현명하게 써야 해', '돈을 낭비하면 안 되지'라며 자신만의 확고한 철학을 가지고 용돈을 절제하며 사용하는 아이도 있을 것이다.

하지만 우리는 아이마저도 시장의 타깃이 되는 소비사회에 살고 있다. 아이에게 돈을 쓰도록 부추기는 유혹이 많아도 너무 많다는 얘기다. 휴대폰 게임, 만화, 옷, 간식 등 문제는 아이의 소비를 부채질하는 시장의 총 공세에 아이가 사고 싶어 하는 물건이 갈수록 많아져 결국 더 많은 돈이 있어도 부족함을 느끼게 될 것이라는 점이다. 그런 까닭에 부모는 '아이에게 용돈을 얼마나 줘야 할지', '무엇을 얼마나 사줘야 할지'가 아니라 '어떻게 해야 돈과 물질만을 바라는 아이가 되지 않게 할 수 있는지'를 고민해야 한다.

이때 무엇보다 중요한 건 돈으로 살 수 없는 것이야말로 가장 소중한 것임을 아이에게 알려주는 것이다. "우정, 사랑, 가족 간의 유대, 진실한 마음, 건강… 이렇게 정말로 중요한 것들은 돈으로 살 수 없어", "돈을 쓰지 않아도 즐거운 일들이 얼마나 많은데", "너무 돈에 연연하면 행복해질 수 없어"라고 말해주자.

이런 것이야말로 아이들에게 반드시 가르쳐주어야 할 진정한 '경제관념'이니 말이다.

그렇다면 어떻게 해야 이런 경제관념을 길러줄 수 있을까? 내가 추천하는 방법은 돈을 들이지 않고도 즐길 수 있는 놀이를 가르쳐주는 것이다. 흔히 아는 숨바꼭질부터 무궁화 꽃이 피었습니다, 줄넘기 등 뭐든 좋다.

아이들이 최근 이런 놀이를 한 적이 없다면 공원에 가서 아이와 함께 즐겨보길 바란다. 집에서 혼자 게임을 하고, TV를 보고, 만화책을 읽는 것보다 이러한 놀이들이 훨씬 재미있다는 사실을 깨달으면 아이들은 실외활동을 즐기게 될 테니 말이다.

비가 오는 날에는 아이와 함께 밖으로 나가 달팽이를 찾아보고, 화창한 날에는 상대의 그림자를 밟지 않고 걷는 게임을 해보고, 밤이 되면 별을 보며 그리스 신화 이야기를 들려줄 수도 있다. 뿐만 아니라 함께 빵과 케이크 굽기, 해변에서 조개껍데기를 줍거나 모래성 쌓기, 낚시를 하러 가서 누가 더 물고기를 많이 잡는지 시합하기, 물수제비뜨기 연습하기, 큰 소리로 노래하기, 자동차들의 차량번호판에서 숫자 찾기 등 돈을 쓰지 않고도 할 수 있는 재미있는 놀이는 셀 수 없을 만큼 많다.

우리 집에서도 아이들이 어렸을 때부터 이러한 놀이를 즐겼는데, 실제로 우리 세 아들은 장난감보다 이 놀이들을 더 좋아했다. 여느 아이들처럼 장난감을 사달라고 떼를 부리는 일도 없었을 뿐더러 장난감을 사줘도 "장난감은 금세 질려요"라며 크게 관심을 두지 않았다.

아들들이 고등학교에 가기 전까지 용돈을 줘본 적도 없다. 따로 돈이 필요할 때에만 함께 상의해 돈을 주었을 뿐이다. 아이들이 조금 더 크고 난 후 "그때 돈이 없어서 불편했니?"라고 물어도 봤지만 세 아이는 모두 이렇게 대답했다.

"아니요, 전혀요."

아이들이 유일하게 용돈을 가질 수 있는 기회는 바로 1년에 한 번 돌아오는 설날이었다. 하지만 아이들은 설날에 세뱃돈을 받아도 이를 그냥 쓰지 않고 대신 맡아달라며 나에게 주었다. 그래서 나는 아이들의 이름으로 통장을 개설해 아이들이 내게 맡긴 세뱃돈을 꼬박꼬박 저축했다. 이렇게 맡아두었던 돈은 아이들의 새로운 출발에 '첫 목돈'이 될 수 있도록 아이들이 대학교를 졸업할 때 한 번에 돌려주었다. 이렇게 아이들을 양육한 결과 아들들은 물질적인 것에 목매지 않는 어른이 되었다.

회사에서 승진한 큰아들을 축하하기 위해 명품 가방을 선물했더니 화를 내며 이렇게 말했을 정도다.

"뭘 이런 걸 사셨어요. 제가 어떤 스타일인지 뻔히 아시면서! 저는 이렇게 비싼 물건 필요 없어요. 그러니까 다음부터는 이러지 마세요."

처음에는 아들의 이런 반응에 조금 놀랐지만 그래도 맞는 말이었기에 결국엔 나도 반성을 하게 되었다.

돈이나 물건으로는 사람의 가치를 매길 수 없으며, 진정한 보물은 돈으로 살 수 없다. 그러니 친구를 소중히 아끼고, 가족과 끈끈한 관계를 유지하며, 자신의 건강을 살피고, 진실하게 자신의 할 일을 열심히 하자. 돈을 모으기 위해서가 아니라 진정한 인생의 보물을 얻기 위해서 말이다. 그래야 진짜 행복을 누릴 수 있다.

어릴 때 나는 용돈을 받아본 적이 없다. 하지만 돈이 부족하다고 느낀 적도 없다. 갖고 싶은 물건이나 하고 싶은 일이 있을 때에는 부모님과 상의해 그때그때 돈을 받았기 때문이다. 꼭 필요한 물건이 아니면 욕심을 내지 않는 습관은 그래서 생기지 않았나 싶다. 원하는 것이 있을 때마다 부모님께 말씀드리고 함께 상의를 해야 하다 보니 어떻게 말씀을 드려야 할지 생각하는 시간이 꼭 필요했는데, 혼자 골똘히 생각을 하다 보면 꼭 필요한 물건인지 아닌지가 명확해졌으니 말이다.

한편 부모님은 여행이나 일에 관해서는 아낌없이 투자를 하셨는데, 내가 물질적인 것보다 경험을 중시하는 경제관념을 갖게 된 데에는 그 영향이 크지 않나 싶다.

식사 시간 동안
할 수 있는 것들

집 안의 식탁은 단순히 배를 채우기 위해서만이 아니라 가족의 단란함을 위해 존재하는 곳이다. 가족과 함께 식사를 하며 다양한 화제를 나누고, 마음을 터놓으며 행복한 시간을 보내는 공간이자 아이에게 실질적으로 '혼자가 아님' 느낄 수 있게 해주는 곳이기도 하다. 고픈 배뿐만이 아니라 가족의 사랑으로 마음까지 그득하게 채울 수 있는 장소라는 뜻이다. 그런 의미에서 가족이 함께 밥을 먹는다는 것은 매우 중요한 일이다.

아이와 함께 밥을 먹으면 부모가 그날그날 아이의 컨디션을 체크할 수 있다. 몸이 안 좋거나 고민이 있으면 아이의 안색이나 밥을 먹는 모습이 다를 수밖에 없기 때문이다.

"왜 그래? 네가 제일 좋아하는 치킨커틀릿도 안 먹고?"

"아, 배가 좀 아파서…."

"오늘은 부쩍 말이 없네. 무슨 일 있었니?"

"친구가 내게 심한 말을 했어요…."

이렇게 아이가 더 아프기 전에 서둘러 조치를 취할 수 있고, 정서적으로 어떤 문제가 생겼을 때에도 아이의 마음을 다독여줄 수 있다. 가족이 함께 식사를 하는 것이 아이의 심신건강을 지키는 데 매우 효과적인 방법인 셈이다.

식사시간을 활용해
배려의 습관을 길러주어라

아이와 함께 밥을 먹는 시간은 '식생활 교육'을 할 수 있는 좋은 시기이기도 하다.

"당근은 눈에 좋은 음식이야", "다양한 음식 골고루 먹고 내장기능을 강화해보자." 밥을 먹으며 이런 식으로 식재료나 먹는 방법에 관한 지식을 알려주는 것이다.

나도 어머니에게 약선 요리 조리법을 배웠고, 이를 적극 활용 중이다. 어머니는 자신의 체질에 맞는 음식을 섭취하면 건강을 지킬 수 있다고 하셨다. 몸에 열이 많은 체질이라면 열을 낮출 수 있는 냉한 성질의 음식을, 몸이 찬 사람이라면 몸을 따뜻하게 해줄 수 있는 음식을 먹어야 하며, 쉽게 건조해지는 체질이라면 몸을 촉촉하게 해줄 수 있는 음식을 먹어야 한다면서 말이다.

물론 나도 내 아이들에게 이렇게 건강한 식사법을 전수해주었다. 함께 밥을 먹으며 음식의 성분, 효과, 신체적 메커니즘도 설명해주고, 어머니가 내게 해준 "네가 먹는 음식이 너를 만드는 거야"라는 말도 알려주었다.

가족과 함께 밥을 먹는 아이는 어려서부터 다른 사람과 소통하는 능력을 키워 자연스레 남의 감정을 살피고 배려하는 법을 배울 수 있다. 또한 모두가 함께 밥을 먹으면서 신뢰와 파트너십을 높이고 사회적 규범과 예절을 익힐 수도 있다.

예컨대 형(또는 오빠, 누나, 언니)은 '모두가 함께 먹는 중이니 아무리 내가 좋아하는 음식이라도 혼자 다 먹을 수는 없지. 조금만 먹자'라고 생각하거나 '이건 하나밖에 안 남았으니까 동생을 위해 남겨두자'라며 자발적으로 양보할 수 있다. 그러면 동생은 형(또는 오빠, 누나, 언니)이 남겨준 마지막 새우튀김을 먹으며 "정말 내가 먹어도 돼? 고마워!"라고 고마운 마음을 표현할 것이다.

식탁에 둘러앉아 어른들 사이에 오가는 말을 듣고, 모두의 행동거지를 보며, 자신의 위치를 찾는 과정을 통해 아이는 무리 속에서 조금씩 자신의 자리를 잡아갈 것이다. 그러니 밥을 먹을 때에는 먼저 TV를 끄고 가능한 다양한 주제로 재미있는 대화를 나눠보자.

가족이 함께 식사를 준비하고, 함께 음식을 나누고, 함께 웃고 즐기며, 또 함께 뒷정리를 하는 것, 사람 사귀는 법을 배우는 데 이보다 더 좋은 기회는 없다.

그래서 나도 아이들이 혼자 밥을 먹지 않도록 하기 위해 부단히 노력했다. 온 가족이 함께 밥을 먹으면 좋겠다는 생각에 새벽에 일어나 아침밥을 지었고, 가능하면 저녁에도 일찍 일을 마치고 집에 돌아와 가족과 함께 식사를 했다. 도저히 시간이 안 될 때에는 남편이 먼저 집으로 돌아가 아이들과 함께 했고, 부부가 둘 다 일찍 퇴근할 수 없는 날에는 시어머니에게 부탁을 하거나 회사 동료들에게 도움을 청했다.

가족관계를 더욱 돈독히 하기 위해, 그리고 아이의 성장을 위해 식사는 꼭 함께하라.

싫어하는 음식을
억지로 먹이지 마라

우리 세 아들은 음식을 가리지 않는다. 어려서부터 다양한 음식을 먹이려고 신경을 쓴 결과다. 그런데 사실 나와 남편은 편식을 한다. 나는 파나 양파 종류를 먹지 못하고, 날 것과 낫토(納豆, 우리나라의 청국장과 비슷한 일본의 전통 발효 식품-옮긴이)도 좋아하지 않는다. 그리고 남편은 모든 유제품을 싫어한다. 그래서인지 아이들만큼은 뭐든 잘 먹는 아이로 키워야겠다는 생각에 평소 다양한 음식을 접할 수 있도록 노력했다. 음식이라면 뭐든 다 맛이 있다고 알려주면서 말이다.

아이들은 어려서부터 뭐가 맛있고, 뭐가 맛이 없는지를 기억한다. 그런 까닭에 나는 아이들이 이유식을 시작할 때부터 아이들이 먹는 음식에 많은 신경을 썼다. 단맛, 짠맛, 매운맛, 쓴맛, 신맛을 모두 조금씩 맛보여주고 가능하면 다양한 식재료를 사용해 음식을 만들었다.

아이들이 싫어하는 식재료는 형태를 알아볼 수 없도록 잘게 다져 음식에 넣었다. 그렇다고 아이가 싫어하던 음식을 좋아하게 만들 수는 없었지만 말이다.

그런데 피망을 싫어하는 내 친구가 이런 말을 한 적이 있다.

"어렸을 때 우리 엄마도 나한테 피망을 먹이겠다고 그렇게 잘게 다져서 볶음밥에 넣어 주셨거든? 그런데 어른이 되고도 여전히 피망은 별로더라고."

친구의 말을 듣고 그럴 바에야 단도직입적으로 설명을 하는 게 더 낫겠다고 판단한 나는 아이들이 조금 더 크고 나서부터 밥을 먹으면서 식재료의 이름이나 효능, 영양성분 등을 쉽고 간단하게 설명해주기 시작했다.

"이건 피망이야. 약간 쌉쌀하고 채소의 풋내가 날수도 있지만 몸에 정말 좋은 음식이야. 먹을 수 있겠지? 어때? 맛있지?"

이렇게 처음부터 '미각으로 어떤 맛을 느낄 수 있는지'를 알고, '식재료마다 각기 다른 영양성분을 가지고 있으며', '음식마다 식감도 다르다'는 사실을 알면, 새로운 음식을 접할 때 아이의 거부감을 낮출 수 있다. 물론 그럼에도 '싫은 건 싫다'고 생각하는 아이는 있을 수 있다.

이에 어떤 부모는 "온갖 방법을 시도해봤는데 소용이 없더라고요"라며 걱정을 하고, 또 어떤 부모는 "저도 모르게 아이에게 잔소리를 해서 오히려 역효과가 났어요"라고 말하기도 한다. 하지만 아이가 편식을 한다고 지나치게 걱정을 하거나 잔소리를 할 필요는 없다.

'아이가 영양가 있는 음식을 골고루 먹고 건강해졌으면' 하는 마음에서 아이의 편식을 걱정하는 것이겠지만 세상에는 아이가 싫어하는 음식과 같은 영양가를 가진 다른 음식이 분명히 존재하기 때문이다. 다시 말해서 '당근을 싫어하는' 아이라면 억지로 당근을 먹일 게 아니라 당근과 같은 영양성분을 가진 음식을 먹이면 된다는 뜻이다.

"호박은 먹을 수 있지?", "섬유질이 풍부한 고구마는 어때?" 이런 식으로 아이에게 대체식품을 권하고, 그 안에 포함된 영양성분을 다시 설명해주는 것이다.

아이가 푸른 잎채소를 싫어하면 브로콜리나 아스파라거스를 먹이고, 피망을 싫어하면 오이나 가지를 먹이는 식으로 생각을 바꾸면 대체식품은 얼마든지 있다.

아이에게 이런 음식을 먹이려면 그 이유를 설명해주는 것도 매우 중요하다. 가능하면 얕은 지식이 아니라 제대로 자료를 조사해 확실한 정보를 가르치는 게 좋다. 그러니 음식의 중요성에 대해 열심히 공부해 아이가 이해할 때까지 설명을 해주길 바란다.

중국에는 '오색오미(伍色伍味)'라는 말이 있고, 일본에서는 매일 '서른 가지 이상의 식재료'를 먹도록 권장한다. 아이가 하루에 필요한 에너지를 얻고, 몸이 튼튼해지려면 무엇보다 먹는 것이 중요하다.

음식은 아이의 정서적 안정과 수면에도 영향을 미친다.

나는 아들들과 끊임없이 음식에 관한 이야기를 나누었고, 그래서인지 세 아들은 모두 음식을 만들고 먹는 것을 좋아하는 어른으로 자랐다. 이제는 아이들이 나를 위해 정성어린 음식을 준비하기도 한다.

큰 아들은 마치 셰프처럼 "제가 훈제 오리를 만들게요", "디저트는 레몬 제스트와 수제 아이스크림이에요"라고 말하며 요리를 해주었고, 둘째 아들은 자신이 직접 만든 바나나 칩을 보내며 이렇게 말했다.

"얼마 전에 과일 칩을 만들어봤어요. 그중에 바나나 칩을 보내니 드셔보세요."

그리고 막내아들은 작년 내 생일에 직접 구운 딸기초코케이크를 선물해주었다. 아이들이 만든 음식은 살짝 질투가 날 정도로 맛이 있었다.

음식에 대한 지식과 건강한 식습관은 아이의 일생에 보물이 되어 아이가 어른이 되어 독립한 후에도 큰 자산이 된다. 똑똑한 음식 섭취와 올바른 식습관이 아이의 몸과 마음을 건강하게 만든다는 사실을 잊지 말자.

아들의 한마디

어린 시절 맛이 독특한 음식이 식탁에 오르면 아버지는 이렇게 말씀하시고는 했다.

"이건 어른들이 먹는 거야. 맛있겠지?"

그러고는 정말 맛있게 드셨다. 그런데 지금 생각해보면 그건 아버지의 '연기'였을지도 모르겠다. '아이들도 제대로 맛을 느낄 수 있다고요!'라고 발끈하게 만들어서 온갖 음식을 먹게 하기 위한 일종의 자극요법이었다고나 할까? 어쨌든 아버지 덕분에 음식을 가리지 않게 되었고, 어른이 된 후로는 또 이것이 나름의 자부심이 되었으니 감사할 따름이지만 말이다. 특히 어린 시절의 이러한 식습관은 나의 성격에도 영향을 미쳤다. 음식을 가리지 않는 습관이 자라면서 그동안 접해보지 않았던 새로운 사물이나 환경에 거부감을 갖지 않는 성격으로 발전한 것이다. 이렇게 경험하는 세계가 넓어질 수 있었던 것은 다름 아닌 부모님의 식습관 교육 덕분이라는 생각이 든다.

"안 돼!"라는 말 대신
해야 하는 것

달콤한 탄산음료에 설탕이 얼마나 들어가는지 아는가? 500 밀리리터 음료 한 병에 40~60그램, 그러니까 각설탕 10~16 개에 상당하는 설탕이 들어간다.

이 정도의 설탕이 한 번에 몸안으로 들어가면 혈당수치가 급상승해 체내의 에너지가 폭발적으로 증가하게 된다. 그래서 음료를 마시면 짧은 시간 안에 흥분 상태가 되어 기분이 좋아지는 것이다.

문제는 설탕이 빠르게 흡수되고 나면 우리의 몸이 더 많은 설탕을 원하게 되어 달콤한 음료를 계속 마시고 싶게 만든다는 점이다. 이러한 욕구가 충족되지 않으면 기분이 가라앉고 짜증이 나게 되는데, 이렇게 기분이 좋았다 나빴다 불안정한 상황이 반복되면 아이는 자신을 제어하지 못하고 절제력이 부족한 아이가 된다.

물론 달콤한 탄산음료를 가끔 마시는 것은 문제가 되지 않는다. 그러나 매일 마신다면 인슐린분비에 문제가 생겨 당뇨병이 생길 수 있고, 이는 정신적으로나 육체적으로나 아이에게 결코 좋을 것이 없다.

내 친구의 아이는 콜라를 무척이나 좋아해 어려서부터 콜라를 거의 입에 달고 살았다. 아이의 엄마도 아이 달래기용으로 냉장고에 항상 콜라를 채워두었다. 그 결과 아이는 비만 아동이 되었고 의사의 경고를 받은 후에야 콜라를 끊었다.

아이가 이미 콜라에 중독되어 있었기 때문에 콜라를 끊는 과정이 아이에게나 어른에게나 쉽지 않았다. 친구는 줄곧 이렇게 후회했다.

"이럴 줄 알았으면 처음부터 콜라를 주지 않는 건데."

하지만 온 거리에 달콤한 음료가 넘쳐나고, 이를 맛있게 마시는 사람들이 그렇게 많은데 아이라고 왜 마시고 싶지 않겠는가.

그렇다면 어떻게 해야 단 음료를 마시지 않는 습관을 길러줄 수 있을까? 바로 아이가 단 음료를 많이 마시면 안 되는 이유를 진심으로 이해하고 받아들일 수 있도록 지식을 가르쳐야 한다.

나는 우리 세 아들이 두세 살일 때부터 탄산음료의 해로움을 차근차근 설명하고 탄산음료 대신 건강한 음료를 추천했다.

"목마를 땐 물이나 차를 마시는 게 좋아", "여름에는 보리차가 좋지", "운동한 후에는 이온음료를 마셔도 좋아"와 같이 말이다.

사실 이러면서도 아이들이 정말 내 말에 공감해 내 말을 듣는 건지 조금은 불안하기도 했다. 회사 동료에게 아이들의 유치원 하원을 부탁했던 그 날, 나를 대신해 아이들을 데리러갔던 동료가 이렇게 말하기 전까지는 말이다.

"아이들이 정말 건강하게 잘 자라고 있더라! 내가 음료수를 사주려고 하니까 소다도 과일주스도 다 마다하고 '저희는 차를 마시면 돼요'라는 거 있지? 나 정말 깜짝 놀랐어."

부모가 보고 있지 않아도, 또 옆에 있지 않아도 단 음료를 마시면 안 된다는 사실을 너무나도 잘 알고 있었던 것이다.

아들들은 고등학교에 진학해 미국에서 생활하기 시작한 후에도 '달콤한 탄산음료는 마시지 않는다'며 어린 시절의 습관을 이어가고 있음을 증명했다.

어른이 열심히 설명해주기만 하면
아이는 분명 이를 이해하고 받아들인다.

그리고 그것이 비록 다른 아이와 다른 무엇일지라도 자신의 신념을 관철한다. 아이가 자기 자신을 지킬 수 있는지는 어린 시절 받은 교육의 영향이 크다. 그러니 아이의 심신 건강을 위해서라도 달콤한 탄산음료는 먹이지 않길 바란다.

인터넷으로부터
아이를 보호하라

인터넷이 보급되고 편리한 세상이 되면서 우리의 생활환경에
도 많은 변화가 생겼다. 정보를 금세 얻을 수 있게 된 만큼 학
습기회도 무한 확장되었다.

이러한 사실 자체만 보면 매우 좋은 일임에 틀림이 없다. 그
러나 아이가 아직 정보의 신뢰성을 분별하지 못하는 상황에
서 좋은 정보와 나쁜 정보가 뒤섞인 인터넷의 바다를 배회하
기에는 위험성이 있다.

인터넷상에는 유혹이 많고 아이들은 항상 유혹의 대상이 되
기 때문이다. 그만큼 중심을 잃고 돈을 원하게 된다거나 물건
을 사고 싶게 되고, 익명으로 본의와 다른 악성 댓글을 남긴다

거나 게임에 빠져들기 십상이라는 뜻이다. 이러한 인터넷 시대에 아이를 키우기란 매우 어려운 일이다. 하물며 요즘은 초등학교 저학년 아이까지도 자신의 휴대전화를 가지고 다닌다.

가장 큰 문제는 인터넷을 많이 사용할수록 기억력이 감퇴된다는 점이다. 굳이 무언가를 기억하지 않아도, 검색만 하면 쉽게 정보와 지식을 얻을 수 있으니 뇌가 정보를 수집해 정리하는 능력이 점차 떨어질 수밖에 없으며, 이는 아이들의 학습능력에도 치명적인 영향을 미친다.

또한 인터넷에 접속만 하면 선별을 거치지 않은 외부 정보가 아이의 개인공간으로 유입되는 것이다. 우리가 사는 집에는 문도 있고, 문을 걸어 잠글 수도 있지만 자유롭게 인터넷 세상을 드나드는 아이는 문도 자물쇠도 없는 공간에 있는 것이나 다름없다. 옷을 갈아입고, 잠을 자고, 이야기를 하는 순간 누군가 이를 엿보려고 마음만 먹으면 얼마든지 엿볼 수 있다는 의미다. 안 그래도 호기심이 왕성한 아이들에게 이는 확실한 위험요소라고 할 수 있다.

인터넷을 통해 접하는 자극적이고 현란한 자료들은 아이의 집중력을 해치는 주 원인이 되기도 한다.

이뿐만이 아니다. 인터넷상의 개인정보 수집은 하나의 큰 비즈니스다. 우리 모두는 소비사회의 타깃이며 이는 우리 아이들도 마찬가지다. 장사꾼들은 매분 매초 아이들이 무엇을 좋아하는지, 어떤 게임을 만들어야 돈을 지불해가며 계속 플레이할지를 탐색하고 있다. 이를 목적으로 개발된 수많은 아동 타깃 소프트웨어들이 그 방증이다. 내 친구의 아이는 부모의 카드로 휴대폰 온라인게임에 수십만 원을 결제해 친구를 깜짝 놀라게 만들기도 했다.

초등학생을 위한 패션매거진, 초등학생 아이돌, 초등학생 모델 등 아이들을 상품화하는 추세도 날로 증가하고 있다. 아직 초등학교에 다니는 아이가 부모가 모르는 곳에서 돈을 낭비하거나 '상품'이 되어버리는 것이다.

각종 커뮤니티나 SNS 등에는 익명으로 댓글을 올릴 수 있는데, 이러한 익명성은 사람들에게 무책임한 발언기회를 주었다. 그런 까닭에 이런 플랫폼에는 긍정적이고 진취적인 의견보다 공격성이 짙은, 분풀이용 정보가 더 많은 게 현실이다.

문제는 이러한 거짓 댓글을 믿고 가짜 정보를 퍼뜨리는 아이가 있을 수 있다는 데 있다. 자칫 무책임한 누리꾼이 되거나 댓글의 영향을 받아 올바른 판단을 하지 못하게 될 수 있다. 또한 부정적인 댓글을 읽고 인생관에 변화가 생겨 세상에 대한 분노와 증오를 갖게 되는 등 아이들의 성격에 영향을 미칠지도 모를 일이다.

깊이를 헤아릴 수 없는 인터넷 세상에서 부모는 반드시 자신의 아이를 보호해야 한다. 그러니 아이에게 인터넷의 위험성을 제대로 설명해주고 평소 아이의 움직임을 잘 살피자.

　올바르게만 사용한다면 인터넷은 정말 좋은 도구다. 아이에게 올바른 인터넷 사용방법을 어떻게 가르칠지는 앞으로 부모가 풀어야 할 과제다.

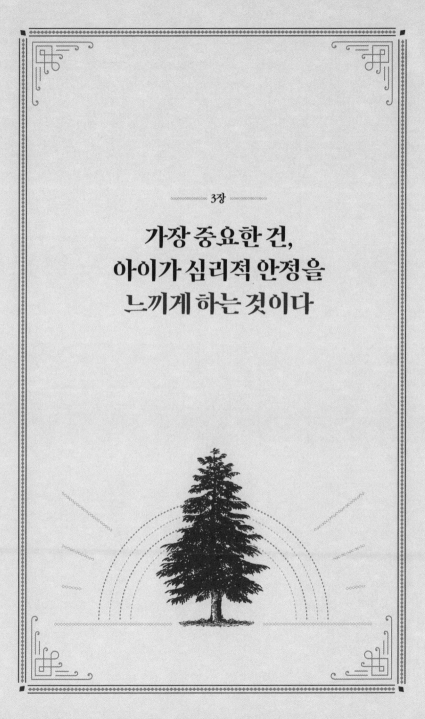

3장

가장 중요한 건,
아이가 심리적 안정을
느끼게 하는 것이다

아이에게 짜증이 날 때 대처하는 방법

육아를 하다 보면 저도 모르게 짜증이 날 때가 있다. 조바심을 내면 안 된다는 걸 잘 알면서도 아이가 말을 잘 듣지 않는다거나, 잠을 잘 자지 않을 때, 울고불고 보챌 때 불쑥불쑥 짜증이 고개를 든다. 이럴 때에는 어떻게 해야 짜증을 잠재울 수 있을까?

나는 아이가 뭘 하든 유머러스하게 받아넘기려고 노력했다. 예컨대 아이가 울음을 멈추지 않으면 '지금까지 울 수 있다니 정말 대단하네!'라고 감탄했고, 아이가 잠을 자지 않으려고 하면 "오늘은 덜 놀아서 잠이 안 오나… 그럼 조금 더 놀자!"라고 말하며 아이를 일으켜 신나게 놀았다.

아이가 말을 안 들을 때에는 이렇게 말했다. "이것 봐라. 내 말을 안 듣다니, 또 새로운 걸 배웠다 이거지! 좋아, 발전했군!"

이렇게 무슨 일이든 긍정적으로 생각하고 웃어넘기자는 마음가짐이 짜증을 잠재울 수 있는 비결이었다.

많은 부모가 밤에 울며 보채는 아이 때문에 애를 태운다. 나 역시도 예전엔 비슷한 고민을 했었다. 큰 아들이 2개월 정도 되었을 때 흔히 말하는 '등 센서'가 발동해 내가 안아 재우지 않으면 아이가 잠을 자려하지 않았기 때문이다. 모유를 먹이고 이제 잠들었구나 싶어 침대에 눕히면 아이는 침대에 등이 닿기가 무섭게 울음을 터뜨렸고, 결국 다시 내 품에 안기고 나서야 쌔근쌔근 잠을 잤다. 그렇게 계속 안고 있기가 힘들어서 아이와 함께 침대에 누워도 아이는 또 울음을 터뜨렸다. 이런 상황이 반복되다보니 정말 진이 빠지는 느낌이었다. 그때 나는 이렇게 생각해보기로 했다.

'여행길에 기차나 비행기를 타도 앉아서 잠을 잘 때가 있잖아. 그럼 지금도 이 아이를 안고 여행 중인 걸로 치자.' 그러고는 소파에 앉아 하와이행 비행기를 타고 푸른 하늘을 날아 바다로 떠나는 상상을 했다. 그러자 나도 아이도 어느 새 단잠에 빠져들었고, 그렇게 다음 날 아침까지 푹 잠을 잘 수 있었다.

부모가 짜증을 내지 않으면 아이도 기분이 좋아져 모두가 활기찬 하루를 보낼 수 있다.

둘째 아들과는 일명 '콧물 사건'도 있었다. 아이가 두 살이던 어느 날, 함께 점심으로 우동을 먹고 있을 때였다. 당시 감기를 앓고 있던 둘째가 재채기를 하며 콧물을 흘리기에 나는 얼른 휴지로 아이의 콧물을 닦아주었다. 그런데 아이가 갑자기 그 휴지를 '홱' 하고 잡아채더니 내 우동그릇에 넣는 것이 아닌가! 미처 막을 새도 없이 너무나 갑작스럽게 벌어진 일에 나는 말문이 막혔고, 아들은 이런 나를 보며 걱정스러운 듯 물었다.

"왜? 엄마, 왜 그래요?"

이에 나는 슬픈 표정으로 우는 척하며 대꾸했다.

"우동에 휴지를 넣으면 안 되지!"

그러자 아이는 "아~"라고 외마디 대답을 하더니 의아한 표정을 지어보였다. 작은 머리를 열심히 굴려 뭔가를 생각하는 모양이었다. 잠시 후 아이는 불현 듯 뭔가가 생각난 듯 배시시 웃으며 내 우동그릇으로 손을 뻗더니 국물이 배어 축축해진 휴지를 건져냈다. 그러고는 두 손으로 휴지를 움켜쥐고 내 그릇을 향해 코 묻은 국물을 짜냈다. 아이는 깔깔 웃으며 자신 있는 목소리로 말했다.

"엄마, 괜찮아. 하나도 안 줄었어. 그대로예요!"

아이는 내가 우동국물이 줄어들어 속상해하는 줄 알았던 것이다. 이 얼마나 귀여운 발상인가! 콧물이 섞여 들어간 우동과 만족스러움에 가득 찬 아들의 자그마한 얼굴을 보니 피식 새어나오는 웃음을 막을 수 없었다.

"엄마, 빨리 먹어요. 빨리."

뒤이은 아들의 재촉에 나는 결국 "그래"라고 시원하게 답하고는 맛있게 우동을 먹었다. 솔직히 말하면 정말로 그 우동을 먹고 싶지 않았지만 아들의 표정을 보고 차마 먹지 않을 수가 없었다.

요컨대 아이들은 이렇게 농담도 하고, 짓궂은 장난에 가끔 사고도 치면서 자란다. 이런 것들이 다 하나의 과정이려니 생각하면 마음이 한결 가벼워져 짜증날 일도 없다.

힘들 때는
아이에게 도움을 구하라

길을 가다 보면 아이가 울면서 부모의 뒤를 따라가는 모습을 종종 볼 수 있다. 그건 아마도 안아달라는 아이의 어리광을 부모가 받아주지 않았기 때문일 것이다. 스스로 걸을 수 있는 아이가 안아달라고 어리광을 부리면 흔히 부모는 아이가 생떼를 부리는 것이라고 생각한다. 그러나 실은 그렇지 않다. 아이는 정말 힘들어서 안아달라고 했을 뿐 생떼를 부리는 게 아니라는 뜻이다.

실제로 아이는 어른과 같은 거리의 길을 걸어도 더 빨리 지치기 때문이다. 물론 부모의 입장도 이해가 간다. 모질어서가 아니라 자신 또한 힘들어서 또는 아이에게 끈기를 심어주기 위해 "걸을 수 있잖아! 어리광은 안 돼!"라고 가르치는 것일 테니 말이다. 그러나 계속해서 울어대는 아이를 보면 부모도 짜증이 날 수밖에 없다. 이런 상황에 놓였을 때 나는 어떻게 했을까? 아이가 나를 도울 수 있도록 아이에게 상황을 설명했다.

둘째가 태어나고 어느 날, 두 아들을 데리고 공원에 놀러갔을 때의 일이다. 집으로 돌아오는 길에 세 살 난 큰 아들이 노느라 피곤했던지 안아달라고 떼를 부리기 시작했다. 한창 어리광을 피울 나이라 어쩔 수 없다고 생각했지만, 당시 내 품에는 이미 둘째가 안겨 잠들어 있었기에 큰 아들을 안아줄 수 없는 상황이었다. 그리하여 나는 큰 아들에게 열심히 상황을 설명했다.

"엄마가 한꺼번에 두 사람을 안아줄 수는 없는데, 어떻게 하지?"

다행히 큰 아들은 나의 모습을 보고 금세 사정을 이해해주었고, "그럼 우리 조금만 쉬었다 갈까?"라는 제안에 고개를 끄

덕였다.

그렇게 우리 세 사람은 지나가는 사람에게 피해가 되지 않도록 길가에서 휴식을 취했다. 자판기에서 뽑아 온 음료를 나눠 마시며 이야기도 나눴다. 아이가 웃음과 기운을 되찾은 후 나는 다시 물었다.

"이제 걸을 수 있겠니?"

그러자 아이는 "그럼요"라고 대답하며 스스로 걸어갔다.

집으로 가는 길에 '보도블록의 경계선 밟지 않기', '길가에 핀 꽃 찾기' 등 소소한 게임도 하고, 디저트 가게에 들러 당고(쌀가루나 밀가루에 따뜻한 물을 부어 만든 반죽을 삶거나 찐 후 작고 둥글게 빚어 만든 화과자-옮긴이)와 오하기(멥쌀과 찹쌀을 섞어 지은 밥을 뭉쳐 표면에 단팥이나 떡고물을 바른 음식-옮긴이)도 사먹었다.

조금만 생각을 바꾸면 짜증이 날 법한 상황도 둘도 없이 즐거운 추억으로 만들 수 있다. 마찬가지로 시선을 달리하면 아이의 생떼도 귀여워 보인다. 사랑으로 마음을 가득 채우면 짜증이 파고들 틈이 없다.

아이들은 놀라운 속도로 하루가 다르게 성장한다. 그러니 유머를 잃지 말고 아이의 성장과정을 즐겨보길 바란다.

어머니가 언급한 '콧물 사건'에서 주목해야 할 점은 두 살 난 아이에게 어머니가 우는 척을 했다는 사실이다. 부모자식 관계에서 '부모'라 하면 사람들은 대개 일방적으로 아이를 보살피고, 아이에게 자신의 약점을 드러내면 안 되는 존재라고 생각한다. 그러나 '아이에게 스트레스 받은 모습을 보여주고 싶지 않다'는 생각이 오히려 부모의 짜증을 더 키울 수 있다. 부모 역시 감정이 있는 사람이라 집 안팎의 일로 스트레스가 쌓이면 피곤함을 느끼는 게 당연하기 때문이다.

사실 아이들도 부모를 위로해 마음을 편안하게 해주고 싶어 한다. 그러니 부모로서의 부담감을 조금은 내려놓아도 좋다. 그래야 자꾸만 밀려오는 짜증의 파도를 잠재울 수 있다. 집안일이나 심부름 말고도 부모에게 의지가 되고 있다고 느낀다면 아이 역시 성취감을 얻게 될 것이다. 부모도 자신과 똑같이 감정이 있는 보통 사람임을 이해하는 건 아이에게도 좋은 일이다.

잠자리 독립은 아이가 원할 때 이루어져야 한다

과거 동양국가에서는 보통 부모와 아이가 한 방에서 '내 천(川)'자 모양으로 잠을 자는 매우 좋은 문화가 있었다. 그러나 아이의 자립심을 키워주려면 어렸을 때부터 혼자 자는 습관을 기르게 해줘야 한다는 서양의 육아법이 유행하면서 요즘은 아기와 부모의 잠자리를 분리해 아기를 혼자 재우는 것이 보편화되었다.

그런데 부모와 따로 자는 게 과연 아기에게 좋은 일일까? 최근 연구결과에 따라 답을 하자면 그렇지 않다. '아이와 부모가 함께 자는 것이 아이의 심신 성장에 도움을 준다'는 사실이 입증되었기 때문이다. 실제로 심리학자들은 이렇게 입을 모은다.

"갓난아기는 엄마의 냄새와 온기를 느껴야 비로소 안심하고 잠을 청할 수 있다."

특히 영아기에는 부모와 아이가 함께 자기를 권장한다. 그러면 아기가 배고플 때나 기저귀가 젖었을 때, 추위나 더위를 느낄 때, 심지어 열이 날 때에도 부모가 곧바로 이를 알아차리고 발 빠르게 문제를 해결할 수 있기 때문이다.

이는 비단 아기뿐만이 아니라 엄마의 수면의 질을 높이는 데에도 도움이 된다. 엄마에게는 다른 누구보다도 아기를 걱정하는 생리적 본능이 있어 아기와 잠자리를 분리하고 나면 불안함에 잠을 푹 잘 수가 없다. 그러나 아기와 함께라면 긴장감을 풀고 편안하게 잠을 청할 수 있다. 한 마디로 부모와 아이가 함께 잠을 자는 것이 어른에게나 아이에게나 모두 이로운 셈이다. 그렇다면 아이와 잠자리를 분리할 적기는 언제일까?

나의 경우에는 아들들이 혼자 자고 싶다는 말을 꺼내기 전까지 쭉 나와 함께 재웠다. 참고로 우리 세 아들은 모두 여섯 살 즈음에 자기 침대를 갖고 싶다고 말했고, 그때까지 나와 한 침대를 썼다. 그 덕분에 아이들은 악몽을 잘 꾸지 않았고, 이불에 지도를 그리는 실수도 하지 않았다. 지금 생각해보면 침대에서 참 많은 일을 했다. 아이들과 여러 가지 놀이도 하고,

이야기도 나누고, 아이들에게 동요나 자장가를 불러주기도 하고, 책도 잔뜩 읽어주었다. 함께 웃고, 울고, 또 함께 놀고, 노래하며 침대에서 쌓은 추억들만 해도 한가득이다. 그 침대는 온 가족이 안심하고 쉴 수 있는 공간이자, 가족을 한데 모아주는 곳이기도 했다. 잠자리 장소를 편안하고 아늑하고, 행복감을 느끼게 해주는 장소로 만들어준 것이다.

실질적으로 아이에게 충분한 시간을 할애하지 못하는 부모가 아이와 함께 잠을 자는 것은 아이에게 사랑을 표현할 수 있는 가장 간단하고 직접적인 방법이기도 하다.

실제로 많은 부모들이 직업 때문에 이런 고민에 휩싸인다. '아이와 함께하는 시간이 너무 부족한 것 같은데', '낮에 함께 하지 못했으니 잠잘 때라도 옆에 있어주는 게 좋은 거 아닐까?' 그러나 아무리 바쁜 부모라도 아이와 함께 잠잘 시간은 있지 않겠는가?

부모와 함께 잠을 자는 것만으로도 아이는 무의식중에 부모의 존재를 느낀다.

아침에 눈을 떴을 때 아이는 부모가 곁에 있는 것을 보고 '자신이 보호받고, 사랑받고 있음'을 몸소 느낄 수 있을 테니 말이다. 왜? 앞서 말했듯 이는 부모가 아이에게 사랑을 표현하는 가장 간단하고 직접적인 방법이기 때문이다. 그러니 아이 스스로 이야기를 꺼내기 전에 잠자리를 분리할 필요도, 아이의 독립심을 길러주지 못할까 걱정할 필요도 없다. 조금만 커도 아이는 자연스레 자신만의 공간을 원하게 되어있다. 물론 잠자리 분리를 원하는 시기는 아이마다 다를 수 있다. 일찌감치 혼자 자고 싶다고 말하는 아이가 있는가 하면, 일곱 살이 되어서도 여전히 부모와 함께 자길 원하는 아이도 있을 것이다. 어쨌든 아이가 조만간 스스로 잠자리 독립을 선언하게 될 것임은 분명하다. 그러니 그 전까지는 부모가 먼저 아이를 분리하려 하지 말고, 아이가 마음의 준비가 되어 스스로 먼저 독립을 선언할 때까지 아이의 바람을 우선해주자.

잠들기 전의 시간은 우리 가족에게 더할 나위 없이 중요한 시간이었다. 매일 밤 내가 잠들기 전, 부모님은 자신이 직접 지은 이야기를 들려주고는 했었는데, 그중에서도 어머니가 들려주신 '펭귄이야기'와 아버지가 들려주신 '방귀 뿡, 헤타로(屁太郞)'는 지금까지도 기억이 선할 만큼 특히 인상적이었다. 긍정의 에너지가 넘치는 모험 이야기와 코믹함이 가득한 이야기가 어찌나 재미있던지 매일 밤 부모님의 이야기를 듣는 시간이 하루 중 가장 큰 즐거움일 정도였다.

그래서인지 그때도 지금도 내게 집이란 공간은 나를 즐겁고, 유쾌하게 만드는 동시에 편안함과 따뜻함을 안겨주는 곳이다. 가족이 곁에 있다는 사실만으로 만족감을 느낄 수 있으니, 이보다 더한 행복이 있을까? 우리 집의 가족 침대는 이러한 행복의 상징이라고 할 수 있다.

우리 집만의
특별한 '암호'를 만들어라

인간은 '소속감(Belongingness)'을 통해 자신의 가치를 느끼고, 이로써 생존의 의미를 갖는다는 말이 있다.

'나는 혼자가 아니야. 내게는 친구가 있어. 나를 필요로 하고, 나를 사랑하는 사람이 있어'

이러한 마음이 우리에게 살아갈 용기를 준다는 뜻이다. 반대로 소속감을 느끼지 못한다면, 인간은 자포자기해 자기 자신 또는 타인을 제대로 아껴줄 수 없게 된다는 의미이기도 하다.

그런 의미에서 '가족 간의 연대감'은 매우 중요하다. 어느 누구에게든 인간이 속해 있는 집단 중에 가장 기본적인 집단이 바로 '가족'이기 때문이다.

그러나 혈연으로 이어진 관계라고 해서 끈끈한 연대감이 절로 생기지는 않는다. 하물며 아이는 자신이 속할 가족을 스스로 선택할 수도 없지 않은가! 부모의 노력이 필요한 이유는 바로 이 때문이다.

요컨대 부모는 아이를 낳아 양육하는 과정에서 아이가 기꺼이 가족의 일원이 될 수 있도록 부단히 노력해야 한다. 그렇다고 어렵게 생각할 필요는 없다. 가족 간의 끈끈한 연대감은 온 가족이 함께 시간을 보내고, 소소한 일상을 공유하는 데에서 비롯되니 말이다.

가족이 서로를 의지함으로써 연대의식이 생기고, 서로에게 관심을 쏟음으로써 가족애가 생긴다.

그렇다면 어떻게 해야 가족 간의 연대의식을 강화할 수 있을까? 먼저 우리 가족끼리만 알 수 있는 '암호'와 '재미있는 관례'부터 만들어보길 추천한다.

가족만의 규칙이 아이에게
심리적 안정감을 느끼게 한다

나는 우리 가족의 연대의식이 나름 강한 편이라고 생각하는데, 우리가 이런 연대감을 형성하기까지 우리 가족만 아는 '암호'와 '재미있는 관례'들이 실제로 한몫을 톡톡히 했다고 보기 때문이다.

아들들이 젖먹이였을 때 나는 자주 아이를 품에 안고 '차차차, 존바라카차차(chachacha, jonbarakacha)'를 흥얼거리며 빙글빙글 춤을 추었다. 내가 왜 일어도, 중국어도, 그렇다고 영어도 아닌 별 의미 없는 말을 골랐는지는 나도 모르겠지만 어쨌든 나는 아이를 안고 춤을 출 때마다 이 말을 리드미컬하게 반복해 읊조렸다.

그랬더니 언젠가부터 우리 세 아들도 마치 주문을 외듯 이 말을 반복하며 춤을 추게 되었다. 지금까지도 아이들은 어릴 적 자장가와 다름없던 그 '주문'에 대해 가끔 이야기를 하며 웃음꽃을 피운다.

나는 다년간 유니세프 대사로 지구촌 어린이의 생활상을 파악하기 위해 1년에 한 번씩 해외로 시찰을 다녔다. 그 탓에 우리 아들들은 매년 엄마 없이 며칠을 지내야 했는데, 이런 아이들을 위해 내가 만든 우리 집만의 작은 규칙이 있다. 바로 일 때문에 집을 비울 때마다 아들들을 위한 '깜짝 선물박스'를 준비하는 것이었다. 작은 상자에 장난감이며 책, 간식 등을 넣어, 내가 집을 비우는 동안 아이들이 매일 각자 1개의 상자를 받을 수 있도록 준비했다. 10일 정도 집을 비운다고 가정하면 총 서른 개를 준비하는 식이었다. 그런 다음 지인에게 매일 하나씩 집 안에 숨겨달라고 부탁을 했다. 그러면 아이들은 아침에 눈을 뜨자마자 '깜짝 선물박스'를 찾아 나섰고, 이로써 엄마가 부재중이라는 사실에 서운해하기보다 오늘의 상자엔 무엇이 들어있을까에 대한 기대로 하루를 시작할 수 있었다.

이뿐만 아니라 나는 우리 가족만의 게임도 만들었다. 예를 들면 평범한 끝말잇기에도 '예쁜 물건을 가리키는 단어로만 잇기' 또는 '냄새나는 물건을 가리키는 단어로만 잇기' 등의 규칙을 더해 게임을 더욱 재미있게 만들었다.

매년 '만두 빚기 대회'를 개최하는가 하면, 누가 만두를 더 많이 먹는지를 겨뤄 '올해의 대식가'를 선발하기도 했다.

매해 추수감사절에는 온 가족이 모여 호박파이를 구웠다. 우리 집 호박파이의 파이지는 잘게 부순 쿠키로 만들었는데, 아이들이 이 파이지 재료준비를 담당했다. 덕분에 아이들은 비닐봉투에 쿠키를 넣고 '쿵, 쿵, 쿵' 온종일 신이 나게 두드렸다. 그렇게 완성된 호박파이는 지인에게 선물하거나 학교에 가져가 반 친구들과 나눠 먹었다. 당일 저녁에는 뱃속에 밤, 버섯 등을 가득 채운 칠면조를 구웠고 이때에도 역시 온 가족이 힘을 보탰다. 먹고 남은 칠면조는 언제나 샌드위치 재료로 활용했는데, 아이들은 언제나 칠면조 샌드위치가 최고라고 말했다.

새해에도 우리 가족만의 특별한 행사가 있었다. 1월 1일에는 가족 모두가 머리끝부터 발끝까지 새 옷을 입어야 한다는 가족 규칙에 따라 항상 새해맞이 쇼핑을 함께하는 것이었다. 속옷과 양말까지 모두 구매해야 해서 그야말로 대장정이었지만 그럼에도 절대 지나칠 수 없는, 반드시 지켜야 하는 우리 가족만의 연례행사였다.

또한 한 해의 마지막 날은 '날밤 새는 날'이었다. 이날이면 우리 가족은 한 자리에 모여앉아 TV도 보고, 이야기도 나누고, 또 게임도 하다 자정이 넘어갈 즈음 꼭 함께 해넘이 국수를 먹었다.

우리 가족에게는 각종 비밀신호도 많았다. 'ㅇㅇㅇ' 하면 '△△△'라는 답이 바로 나올 정도로 척하면 척이었다. 지금까지도 우리 가족은 장소에 따라, 또 상황에 따라 이러한 암호를 적극 활용 중인데, 그럴 때마다 가족 간의 끈끈한 연대감에 말로 다 할 수 없는 행복을 느낀다.

가족만의 습관이나 규칙이 생기면 가족 구성원 간의 관계도 한층 더 깊어진다.

부모가 곁에 없더라도 이러한 가족만의 특별한 습관과 비밀신호는 분명 영원히 아이의 가슴속에 남아 '나는 혼자가 아니야. 가족과 연결된 끈이 나를 지켜줄 테니까'와 같이 심리적 든든함을 갖게 될 것이다. 그러니 우리 가족만 알 수 있는 '관

레'와 '암호'를 만들어보길 바란다. 그러면 분명 아이의 마음
에 아름다운 추억을 남겨줄 수 있을 테니 말이다.

체벌은 훈육이 아니다, 폭력이다

자녀를 양육함에 있어 세상 모든 부모가 알아야 할 대전제가 있다. 바로 올바른 훈육은 혼내는 것이 아니라 옳고 그름을 가르치는 것이라는 사실이다.

따라서 아이에게 신체적, 정신적, 언어적 체벌을 절대 행사해서는 안 된다. 체벌은 올바른 훈육이 아닐뿐더러 일련의 부정적인 연쇄반응을 일으킬 뿐이다.

아이를 훈육한답시고 매를 들면 '힘 센 사람은 저항할 능력이 없는 사람에게 폭력을 가해도 된다'고 가르치는 것이나 다름없다. 다시 말하지만 체벌은 결코 효과적인 교육법이 아니다.

심리학적으로 이러한 방법은 옳고 그름이 아니라 무엇이

'징벌'이고, 또 무엇이 '보상'인지를 가르치는 것과 같다. 이는 '힘'을 위주로 하는 방법으로 '내가 상대보다 강할 때', '내가 상대에게 원하는 것을 줄 수 있을 때'에만 통용된다. 실제로 많은 부모들이 한 손에는 당근을, 다른 한 손에는 채찍을 들고 아이에게 이 둘을 번갈아가며 사용하는 경우가 많지만 사실 이는 '타인을 부리는 가장 저급한 수단'이다. 자신이 상대보다 강할 때에만 사용할 수 있는 일시적인 방법이기 때문이다. 즉, 언젠가 내가 힘을 잃으면 상대도 더 이상 나의 말을 따르지 않게 될 거라는 뜻이다.

게다가 아이가 정말로 잘못을 뉘우쳤는지 아니면 어쩔 수 없는 상황에 말을 잘 듣는 척했을 뿐인지도 정확히 알 수 없다. 일반적으로 체벌은 아이들에게 그 순간을 모면해야 하는 매우 부당한 상황으로 인식되기 때문이다.

"우리도 다 맞으면서 컸잖아요", "잘못을 했으면 벌을 받는 게 당연하다는 걸 알려줘야죠"라고 말하는 부모도 있을 테지만 이는 정말 큰 착각이다.

무심코 한 행동이
아이의 자존감을 해친다

아이를 가르칠 때에는 '상대에게 어떤 메시지를 전하느냐'가

관건이다. 아이의 행동에서 무엇이 잘못되었는지를 분명하게 설명해줘야 한다는 뜻이다. 그러나 체벌은 아이에게 자칫 잘못된 메시지를 전달할 수 있다.

아이들은 대개 매를 맞으면 당장의 고통을 피하기 위해 "잘못했어요!", "다시는 안 그럴게요!", "용서해주세요!"라며 용서를 구한다. 그러면 부모는 이로써 문제가 해결되었다고 생각하고 화를 가라앉힌다.

하지만 이 경우 아이는 자신이 대체 무슨 잘못을 했는지 제대로 이해하지 못했을 가능성이 크다. 해도 되는 행동과 하지 말아야 할 행동에 대해 제대로 된 설명은 듣지 못한 채 그저 그 상황을 모면하기 위해 서둘러 "잘못했다"는 말을 하는 경우가 많기 때문이다.

아이가 자신의 문제행동을 인식하지 못하고 단순히 '아빠엄마가 화가 나서 나를 때렸다'라고만 생각하게 되면 이후에도 똑같은 잘못을 저지를 수 있음은 물론이다. 그러면 부모는 "몇 번을 말했는데, 왜 말을 안 들어?"라며 또다시 분노하게 되고, 체벌의 강도가 점점 더 세지는 악순환 속에서 아이는 언제 부모가 또 화를 낼지 모른다는 두려움과 불안에 떨게 된다. 아이가 이렇게 부모에게 위축이 되면 소통의 다리는 끊어지고, 결국 서로를 믿지 못하게 되고 관계는 돌이킬 수 없게 된다.

특히 체벌을 받은 아이는 '아빠엄마는 나를 싫어하나봐',

'왜 나를 괴롭히는 거지?'라고 생각하며 회복할 수 없는 큰 상처를 받게 된다.

또한 아이가 자라면서 자신이 겪은 체벌에 대한 반작용으로 부모에게 반항을 할 수도 있고, 문제가 생겼을 때 아이 역시 자신이 느꼈듯 위협적인 행동이나 무력으로 문제를 해결하려 할 수 있다.

마찬가지로 언어적인 폭력 역시 절대 가해서는 안 된다. 예컨대 "이 바보야!"라는 말은 부모들이 아이에게 가장 대수롭지 않게 사용하는 언어폭력이다. 물론 아이가 한 어떤 행동이 너무 어리석게 느껴져서 한 말일뿐, 진심으로 자신의 아이를 바보라고 생각해서 이런 말을 하는 부모는 없을 거라고 생각한다. 하지만 부모의 한마디, 한마디는 아이에게 생각보다 큰 영향을 미치기 때문에 놀리듯이 던진 "바보야"라는 말 한마디가 아이의 자존감을 해치는 결정적인 말이 될 수도 있다.

이럴 때에는 아이에게 이렇게 말해보는 게 어떨까?

"방금 한 행동은 너답지 않게 정말 어리석은 행동이었어. 그러니 다시 한 번 잘 생각해보렴."

그러면 아이도 겸허히 충고를 받아들일 것이다.

또한 화가 난다고 해서 "네가 누구 덕에 밥 잘 먹고 사는데?"라는 식으로 아이의 자존심을 상하게 해서는 안 된다. 양육은 부모의 의무다. 그러니 이런 말은 절대 금물이다. 이런 말을 들으면 부모에게 고마움을 가지고 있던 아이도 반감을 가지게 된다는 사실을 잊지 말자.

"네가 있어서 아빠엄마가 그렇게 열심히 노력하는 거야. 아빠엄마는 네게 더 좋은 환경을 만들어주고 싶고, 더 좋은 교육을 받게 해주고 싶거든. 그러니까 우리 함께 노력하자."

부모가 이렇게 자신의 진심을 이야기하면 아이는 분명 부모의 각별한 마음을 이해해줄 것이다.

진심어린 대화를 통해 아이에게 무엇이 옳고, 무엇이 그른지를 알려주면 아무리 어린아이도 부모의 마음을 곧잘 이해한다.

부모의 사랑에 의심이 생기면 아이는 불안감에 자포자기하게 된다. 한 번 상처 난 마음은 다시 회복되기 어렵다는 사실을 기억하고, 아이를 대할 때는 그 어느 때보다 신중하게 행동해야 함을 잊지 말자.

아들의 한마디

어린 시절 내가 받은 가장 심한 '벌'은 바로 장시간의 '대담'이었다. 여기서 장시간이란 한두 시간이 아니었다. 한두 시간은 시작에 불과했을 뿐, 장장 8시간가량 이야기했던 것으로 기억한다. 어머니는 내게 일방적인 훈계를 하지 않았다. 대신 나와 마주 앉아 '왜 거짓말을 했나' 등과 같은 문제에 대해 양방향 토론을 벌였다. 어린 나에게는 이런 '대담'도 나름 무서운 시간이었다. 장시간 어른과 진지하게 이야기를 나눈다는 사실 자체도 힘들었지만 무엇보다도 내가 잘못한 일에 대해 빠짐없이 나노 분석을 해야 한다는 점이 가장 힘들었다.

하지만 지금 생각해보면 그렇게 바빴던 어머니가 나와 대화를 나누기 위해 기꺼이 8시간을 할애했다는 사실이 새삼 대단하고 또 고맙게 느껴진다. 단순하고 직접적인 훈계가 아닌 인내심을 필요로 했던 소통이 확실히 내게는 효과가 있었으니 말이다.

사랑은 공평하게, 오해는 신속하게!

부모라면 '아이들에 대한 사랑에 절대 치우침이 없어야 한다' 는 것쯤은 다들 알고 있을 것이다. 하지만 이는 말처럼 그리 쉬운 일이 아니다.

똑같은 행동도 받아들이는 사람에 따라 달리 해석되듯, 쉽 게 부모의 사랑을 느끼는 아이가 있는가 하면 부모의 사랑신 호를 제대로 전달받지 못하는 아이도 있기 때문이다. 즉, 부 모는 누구를 편애하지 않았다고 생각해도 아이가 느끼기엔 그렇지 않을 수 있다는 뜻이다. 후자의 경우처럼 부모가 다른 형제를 편애한다고 생각하면 형제간에 질투심이 생겨날 수 있다.

아이들의 우애 좋은 관계유지를 위해서라도 부모는 절대 아이들에 대한 사랑에 치우침이 없어야 한다. 자신에 대한 부모의 사랑이 부족하다고 느끼면 아이는 열등감을 가지게 되고, 더 나아가 부모에게 반항적인 아이가 될 수 있다. 그렇게 되면 부모자식 간의 교류가 갈수록 어려워져 관계 또한 어긋나게 된다.

아이에 대한 사랑을
수시로 표현하라

나도 한번은 우리 둘째 아들에게 오해를 살 뻔했던 때가 있었다. 둘째 아들이 대학생이 되고 어느 날 대화 중 이런 말을 하는 것이 아닌가.

"저야 뭐 어릴 때부터 딱히 어머니의 관심을 받지 못했으니까요."

나는 분명 세 아들에게 똑같이 사랑을 나눠주었다고 생각했는데 말이다. 확실히 둘째가 다른 두 아들에 비해 내 속을 덜 썩인 것은 맞다. 하지만 그럼에도 나는 세 아이에게 골고루 관심을 나눠주었다고 자부했는데 둘째 녀석의 생각은 그렇지 않은 모양이었다. 이 말을 꺼내기까지 얼마나 오랫동안 마음에 담아두고 있었을지 생각하니 가슴이 아팠다.

내가 "절대 그런 일 없었는데"라고 말하자 아들은 "뭐, 됐어요. 저도 상관없었으니까"라며 대수롭지 않게 넘겼다. 하지만 내 마음은 여전히 석연치 않았다.

생각해보면 큰 아들은 나의 첫 아이인 만큼 처음 부모가 되고, 우유를 먹이고, 목욕을 시키고, 유치원에 보내는 등 모든 일이 나에겐 새로운 도전이었다. 어떤 의미에서 큰 아들은 나의 '동지'와도 같은 존재였고, 그렇기에 서로 못할 말이 없을 정도로 모든 것을 공유했다. 서로의 불안을 보듬으며 함께 성장하는 법을 배웠다고나 할까.

하지만 둘째 아들이 태어났을 때에는 이미 부모가 되는 요령을 파악하기 시작해 둘째와 무엇을 의논하기보다 일방적으로 가르치는 때가 더 많았던 게 사실이었다. 게다가 첫째와 둘째의 나이차가 세 살밖에 되지 않아 동시에 두 아이를 돌보느라 정신이 없었다. 그래서 어쩌면 둘째 아들과는 얼굴을 마주보고 허심탄회하게 대화를 나누는 데 소홀했을지도 모르겠다.

드디어 문제를 인식한 나는 내심 서운했을 아이를 위해 보다 적극적으로 관심을 표현하기로 마음먹었다. 그래서 둘째 아들이 주연을 맡은 대학 창작 뮤지컬의 월드투어가 결정되었을 때, 가능하면 아이의 공연장을 찾아가 응원해주기로 했다. 물론 모든 일정을 함께할 수는 없었지만 중국, 한국, 미국 등지에서 진행된 공연은 휴가를 내고 보러갔다.

처음에는 무리해서 올 필요 없다던 아이도 시간이 지날수록 조금씩 마음을 열기 시작했다. 아들이 공연을 쉬는 날에는 아들과 아들의 친구들까지 함께 식사를 하거나, 호텔에서 아들과 이런저런 이야기를 나누었다.

그리고 모든 공연 일정이 마무리되고 마지막으로 뉴욕에서 쫑파티가 열린 날 나는 아들과 춤을 추었다. 파티장에 음악이 울려 퍼지자 내게 춤을 청해준 아들과 춤을 못 춘다며 손사래를 치던 나의 등을 떠밀어준 아들의 친구들 덕분이었다. 아들의 부드러운 리드에 몸을 맡겼던 그 순간은 정말 꿈만 같았는데, 음악이 끝났을 때 아들이 해준 말은 특히나 기억에 남는다.

"그동안 제가 어머니를 오해했던 것 같아요. 정말 고맙고 또 사랑합니다."

나도 모르게 생겼던 자식과의 틈이 드디어 메워지는 그 순간, 나는 벅찬 기쁨에 눈물을 흘렸다. 부모는 아이들에게 골고루 사랑을 나눠주었다고 생각해도 아이들이 받는 느낌은 저마다 다르기에 오해가 생길 수 있다. 그렇기에 자신의 사랑이 제대로 아이에게 전달되고 있는지 이따금 확인해볼 필요가 있다.

만약 아이에게 오해가 있다면 반드시 그때그때 해명하고 확실하게 자신의 사랑을 전달해야 한다.

아이들은 자신을 위한 부모의 노력을 나 몰라라 하지 않는다. 그리 완벽하지 않은 부모라도 자신을 열심히 사랑해주고 있다는 사실을 깨달으면, 아이는 그 사랑에 힘입어 자신감을 가지고 꿋꿋하게 세상을 살아갈 것이다.

특히 아이가 여럿 있는 집이라면 아이들을 비교하지 않고 모든 아이의 마음을 중시하는 게 중요하다.

"엄마(아빠)는 너희 모두를 똑같이 사랑해!"

표현하는 것을 부끄러워하지 말고 수시로 말로, 태도로, 또 행동으로 아이들에게 사랑을 표현하길 바란다.

무조건 아이가
최우선이 되어야 한다

'아이가 생긴 후에는 더 이상 일을 최우선에 두지 않겠다.'

작은 생명에 대한 양육의 책임을 짊어진 이상 이 정도 각오
는 필요하다. 물론 일을 하지 않으면 아이와 가족을 부양할 수
없으니 일이 중요하기는 하다. 하지만 가장 중요한 것은 역시
아이다. 그러므로 부모가 된 후에는 반드시 '아이를 최우선'으
로 생각하겠다는 마음을 먹어야 한다.

맞벌이 부부에게 일과 가정의 균형을 유지하는 일은 하나
의 큰 과제다. 일과 가정 어느 하나도 소홀히 하지 않고 살뜰
하게 아이를 챙기기란 말처럼 쉬운 일이 아니기 때문이다.

나는 이런 부모들에게 '아이가 우선'이라는 생각을 가지고

아이를 가장 먼저 생각하라고 조언하고 싶다. 이러한 생각이 부모의 하루하루를 더욱 질서 있게 만들고, 인생을 더욱 의미 있게 만들 테니 말이다.

사실 육아란 매우 사소한 일들의 연속이다. 아이가 젖먹이일 때는 우유를 먹이고, 기저귀를 갈아주고, 때맞춰 예방접종을 시키고, 어린이집 등 · 하원을 시켜야 하고… 유치원에 들어가면 도시락을 준비하랴, 옷 갈아입히고 공부시키랴, 유치원 행사 챙기랴 일정이 날로 복잡해져 24시간이 모자랄 지경이 된다. 어디 그뿐인가. 초등학교에 입학한 후에는 교과 과목과 활동이 느는 데다 과외활동에 교우관계까지 신경을 써야 해서 매일 해야 할 일들이 손꼽을 수 없이 많아진다.

나처럼 아이가 여러 명인 경우에는 배로 에너지가 든다. 아이들의 하루 일정을 짜는 일만 해도 여간 골치 아픈 게 아니니 말이다. 어쩌면 이로 인해 일과 가정을 양립할 수 있을까 불안해하는 사람도 있을 것이다.

하지만 괜찮다! 분명 해낼 수 있을 테니 말이다.

육아 계획은
구체적일수록 좋다

먼저 일과 가정의 균형을 찾으려면 우선순위부터 정할 필요가 있다. 부모가 되면 해야 할 일이 많기 때문인데, 중요한 일과 부차적인 일을 나눠 시간을 안배하면 일이 한결 수월해진다. 참고로 나의 1순위는 아이들이었다. 아이들의 건강과 음식을 챙기는 일, 그리고 그들과 함께 즐거운 시간을 보내는 것보다 중요한 일은 없다고 생각해서다. 그래서 나는 집안 청소나 빨래, 쇼핑 등은 조금 소홀히 하더라도 아이들의 건강을 챙기는 일 즉, 잘 먹고, 잘 자고, 즐거운 시간을 보낼 수 있도록 하는 일을 나의 가장 중요한 임무로 삼기로 했다. 식사를 준비하고 아이들과 함께하는 시간을 늘리기 위해 못 다한 업무나 다른 집안일은 아이들을 재우고 난 후에야 시작했다.

아이가 아직 모유수유를 할 때에는 매일 일이 너무 바빠 회사에 양해를 구하고 아이를 일터에 데리고 다니기도 했다. 아이들이 조금 큰 후에는 저녁 식사만큼은 가능한 아이들과 매일 함께해야겠다는 생각에 늦게까지 초과근무가 필요한 일은 모두 거절했고, 타지에서의 숙박이 필요한 일도 열심히 피했다. 물론 일이 줄어든 만큼 수입도 줄었지만 아이들이 아직 어릴 때라 어쩔 수 없는 일이었다.

남들이 '엄마랍시고 일을 소홀히 한다'는 생각을 갖지 못하게 받은 일은 최상의 성과를 내기 위해 최선을 다했다. 그래도 나는 다행히 주변 사람들의 도움을 받아 업무량을 거의 줄이지 않고도 육아와 일을 병행할 수 있었으니 정말 감사한 일이었다.

물론 집집마다 우선순위는 달라질 수 있다. 그러나 아이가 생긴 후라면 '아이를 최우선'에 두어야 한다는 사실을 잊지 않았으면 한다.

나는 임신을 했을 때부터 부부가 서로 상의해 미리 계획을 세우는 것을 추천한다. 아이가 태어나면 일은 어떻게 할 것인지, 아이는 언제부터 어린이집에 보낼 것인지, 보모를 구할 것인지, 아이를 돌봐달라고 부탁할 만한 친척은 없는지, 복직은 언제 할지, 경제적으로는 문제가 없을지 등 다양한 문제를 고려해 구체적인 계획을 마련해두면 이후에 무슨 일이 생기더라도 예상 범위 내에서 상황을 통제할 수 있다.

반대로 무계획적인 육아는 매우 위험하다. 그런 까닭에 부부는 새로운 생명을 양육하는 기쁨과 책임을 통감하며 진지하게 의논해야 마땅하다. 두 사람이 힘을 합치면 무슨 일이든 헤쳐나갈 수 있다.

무엇보다 아이가 아직 어릴 때만큼은 될 수 있는 대로 회식이나 야근, 출장 등을 피하고, 그 시간을 아이에게 할애했으면 한다. 아이들의 성장은 부모를 기다려주지 않기 때문이다. 아이의 첫 배냇짓, 첫 뒤집기, 첫 걸음마, 첫 말 한마디… 하루가 다르게 커가는 아이의 순간순간을 놓치면 평생 후회가 남을 것이다. 부모라면 누구나 아이의 성장의 순간을 두 눈으로 확인하고 싶어 할 테니 말이다.

일은 마음에 들지 않으면 바꿀 수 있지만 아이는 다른 무엇과도 바꿀 수 없고, 일을 잘못하면 해고될 수도 있지만 부모의 역할은 평생 변하지 않는다. 아이의 인생에 길을 내는 사람은 바로 우리 자신이라는 사실을 잊지 말자.

우리 집에서 가족이 함께 저녁 식사를 하지 않는 경우는 드물었다. 어머니가 늦게까지 방송 촬영을 하거나 녹음을 할 때, 혹은 지방에서 콘서트를 열 때를 제외하면 일반적으로 가족이 함께 둘러앉아 저녁을 먹었다. 부모님은 일이 바쁜 시기에도 우리와 함께 밥을 먹기 위해 일부러 짬을 내 집으로 돌아왔고, 때로는 우리 삼형제가 부모님의 일터로 찾아가 그 근처에서 식사를 하기도 했다. 균형을 잃은 삶은 어른에게나 아이에게나 정신적, 경제적 부담을 안겨주는데, 우리 집에서는 가족과 함께하는 매일 저녁이 가족생활 리듬의 중심이었던 셈이다. 아마 어머니도 우리 가족이 함께 모여앉아 식사를 할 수 있는 시간이 있었기에 자연스레 가정과 일의 균형을 잡을 수 있었던 게 아닐까 싶다.

아이에게는
아이만의 인생이 있다

부모가 된다는 건 새로운 직함이 생기는 것과 같아서 때로는 신경이 곤두서기도 한다. 아이에게 부모로서 마땅한 책임을 다하기 위해 열과 성을 다해야겠다는 생각 때문이다. 이런 마음은 나도 십분 이해한다. 하지만 그렇다고 양육 성과를 통해서만 자신의 존재 가치를 찾으려 해서는 안 된다.

특히 열정적인 부모일수록 아이에게 의존하기 쉬운데, 이러한 부모는 자신과 아이를 하나로 묶어 아이의 실패가 곧 자신의 실패이며, 아이의 성공이 자신의 성공이라고 생각하는 우를 범한다. 그 결과 아이가 좋은 성적을 거두고, 소위 명문 대학에 입학하는 것만을 자신의 삶의 의미로 여기는 부모가 많이 있다.

그러나 아이는 아이고, 부모는 부모다. 아이와 부모는 각각 독립적인 존재로 각자의 인생이 있다. 그런데 부모가 아이에게 지나치게 의존하다 보면 의도한 바는 아닐지라도 아이의 인생을 지배하게 된다.

부모의 걱정이 지나치면 일단 아이는 엄청난 스트레스를 받는다. 부모님을 위해 반드시 잘 해내야 한다는 생각은 아이의 어린 마음에 큰 부담으로 작용한다. 그리고 더 나아가 '실패는 용납할 수 없어! 그러면 아빠엄마가 속상해 하실 거야. 부모님 체면을 깎아먹을 수는 없지'라며 자신을 억압하고 몰아붙이게 된다.

과거 발레리나를 꿈꿨던 엄마가 혹은 야구선수가 되고 싶었던 아빠가 아이에게 자신의 꿈을 투영해 발레를 시키고, 야구를 시키는 경우를 예로 들어보자.

이 경우 아이와 부모의 뜻이 같다면 물론 더할 나위 없이 좋은 일이지만 모든 아이가 부모의 바람을 만족시켜줄 수 있는 것은 아니다. 시작부터 선택의 여지가 없는 길을 가는 것은 아이에게 비극일 뿐이다.

또한 아이의 시험성적에 지나칠 정도로 긴장하고 흥분하는 부모는 아이에게 결코 건전한 환경을 만들어줄 수 없다. 부모가 시험성적에 집착하면 아이는 이런 오해를 하게 된다.

'좋은 성적을 내지 못하면 난 불효자야'

'좋은 성적을 받아야 부모님께 사랑받을 텐데.'

'성적이 떨어지면 부모님은 이제 나를 싫어할 텐데…'

그러나 사실 시험에서 좋은 성적을 거두는 것과 수업내용을 얼마나 잘 이해했는지는 별개의 문제다. 평소 열심히 공부를 해도 시험 때 간혹 실수를 할 수 있기 마련인데 부모가 과도하게 아이의 성적에 집착하게 되면 이런 작은 실수에도 아이는 자존감이 낮아지게 된다.

부모가 아무리 높은 요구를 해도 아이가 할 수 있는 것에는 한계가 있다.

그러므로 아이가 노력해도 할 수 없는 일에 부모가 지나친 기대를 하거나 강요를 해서는 안 된다.

부모가 아무리 스트레스를 주지 않으려고 조심해도 아이들은 나름의 스트레스를 충분히 받고 있다. 나만 해도 아이들에게 스트레스를 준 적이 없다고 생각했다. 하지만 우리 아들들은 그동안 묵묵히 스트레스를 이겨내고 있었던 모양이었다.

실제로 아이들은 어머니의 자식이라 예전엔 스트레스가 많았다고 말하기도 했는데, 아무래도 내가 이름이 알려진 사람이라는 사실이 아이들에게는 상상 이상의 스트레스로 작용했던 것 같다.

"절대 나쁜 짓을 하면 안 된다는 부담이 있었어요. 그래서 얼마나 열심히 공부했다고요."

세 아이는 웃으며 이구동성으로 말했고, 내가 아이들의 스트레스의 원천이 되리라고는 꿈에도 생각지 못했던 나는 이렇게 사과했다.

"미안해. 너희가 그렇게 스트레스 받고 있다는 걸 엄마가 미처 몰랐네."

그러자 아이들은 말했다.

"아니에요. 나름 긍정적인 의미도 있었는걸요. 최선을 다해 잘하고 싶다는 생각을 하게 하는 원동력이었으니까요."

다행히 우리 아들들에게는 스트레스가 악영향을 끼치지는 않았지만 자칫 잘못하면 아이의 앞날에까지 영향을 미칠 수 있으니 주의해야 한다.

때가 되면
아이의 손을 놓아야 한다

아이가 자라 어른이 되면 언젠가는 부모의 품을 떠나게 된다. 아이를 양육하는 일에 매달리고 아이에게 의존해봤자 결국 손을 놓기 어려워지는 건 부모 쪽이다.

양육의 최대 과제는 아이의 '손을 놓는 일'이다. 미리미리 아이의 손을 놓아줄 최적의 시기를 파악해 아이가 사회로 진출할 수 있도록 돕는 것이 부모의 책임이라는 뜻이다. 물론 아이에 따라 손을 놓아줄 시기는 다를 수 있다. 어떤 아이는 고등학교나 대학교 때일 수 있고, 또 어떤 아이는 일을 시작하거나 결혼을 할 때가 될 수도 있다. 그러나 어쨌든 아이는 언젠가 부모를 떠나 자립을 해야 하고, 이들의 순조로운 자립을 돕는 것이 양육의 목표다.

아이의 손을 놓기란 확실히 어려운 일이다. 하지만 그 시기가 다가오기 전에 아이가 자립할 수 있는 능력을 충분히 키워주고, 시기가 되면 웃으며 아이를 배웅하는 것이야말로 부모가 아이에게 줄 수 있는 최고의 선물이다.

그러니 아이에게 지나친 기대를 하지 말고, 아이에게 의존하는 부모는 더더욱 되지 말자. 아이에게도 그들의 인생이 있으니 말이다.

자신을 걱정해주는 부모에게 아이는 확실히 고마움을 느낀다. 나 역시 마찬가지였다. 그러나 부모의 이러한 걱정이 자신이 결정한 앞날을 방해한다면 고마움은 금세 성가심으로 변할 수 있다. 아무리 걱정이 되어도 아이가 앞으로 나아갈 수 있도록 손을 놓아주는 다소 모순적인 부모의 사랑에 아이는 가장 큰 기쁨을 느낀다는 사실을 잊지 않았으면 한다.

4장

성적에 연연하는
부모의 모습이
아이를 망친다

부모의 대답이
아이의 IQ를 좌우한다

모든 아이는 상당히 왕성한 호기심을 가지고 있다. 그들은 모르는 게 있으면 끊임없이 질문을 던진다. 그리고 그중 대부분은 "왜 바다는 푸른색이에요?", "동물은 왜 죽는 거죠?", "지구는 왜 둥근 거예요?", "어떻게 새는 하늘을 날 수 있죠?"와 같이 대답하기 꽤 어려운 문제다.

그러나 아이들이 조금만 커도 상황은 달라진다. 어떤 아이들은 호기심을 잃지 않고 여전히 질문하기를 좋아하지만, 또 어떤 아이들은 어느 순간부터인가 모든 일에 무관심으로 일관하기 시작한다. 대체 왜, 어떤 차이 때문에 이러한 변화가 나타나는 걸까?

나는 그 문제의 원인이 아이의 질문을 대하는 어른의 방식에 있다고 생각한다. 아이들은 단순해서 흥미로운 것을 보면 꼬치꼬치 캐묻는다. 이때 어른이 적극적으로 대답을 해주면 아이는 '질문=좋은 것'이라고 배우게 된다.

반대로 대답을 하는데 소극적인 태도를 보이며 "잠깐만", "지금은 바쁘니까 나중에 얘기하자", "그걸 내가 어떻게 아니?"라는 식으로 말을 한다면 아이는 '질문=다른 사람을 귀찮게 하는 일'이라고 여겨 모르는 일이 생겨도 질문을 삼키게 된다.

뿐만 아니라 "너는 이런 것도 모르니?"처럼 아이가 비웃음을 당했다고 느낄 만한 말을 한다면 아이는 '모르는 건 부끄러운 일', '질문을 하면 손해'라고 생각하게 된다. 그렇게 되면 질문을 하는 것은 고사하고 자신이 무언가를 모른다는 사실마저 숨기려 할 수 있다. 물론 이런 일이 반복되면 호기심이 사라져 모든 일에 무관심해질 수밖에 없다.

문제는 아이가 어떤 일에도 흥미를 느끼지 못하게 되면 IQ와 학습능력도 저하된다는 점이다. 질문을 하지 않으니 모르는 걸 계속 모른 채 지낼 수밖에 없는데다 모처럼 지식을 얻을 기회가 주어져도 이를 그냥 흘려보내기 때문이다. 학습능력이 저하되면 지식을 얻을 때의 기쁨도 반으로 줄어들어 결국 다른 사람과 함께 공부하는 재미를 느끼지 못하게 된다.

나는 내 아들들이 무슨 일이든 질문을 할 수 있길 바랐고, 그래서 아이들이 질문을 할 때마다 "정말 좋은 질문이다!"라고 칭찬하는 말로 말문을 열었다. 또한 다른 일을 하던 중이었더라도 잠시 일손을 멈추고 아이의 질문에 귀를 기울였다.

당장에 답을 해줄 수 있는 문제라면 곧바로 설명을 해주었고, 잘 모르겠는 문제는 "우리 함께 찾아볼까!"라고 말하고는 하던 일을 잠시 미뤄둔 채 아이와 함께 신나게, 열심히 그 답을 찾아보았다. 답을 찾은 후에는 아이와 함께 환호하며 이렇게 고마움을 전했다.

"엄마한테 질문해줘서 고마워! 덕분에 엄마도 새로운 걸 배웠네."

그랬더니 아이는 '질문=환영받는 일'이라고 기억해 궁금한 점이 생기면 그때그때 물어보았다. 부모라면 아이의 질문을 절대 귀찮아해서는 안 된다. 부모와 함께 각종 궁금증을 해소하고 난제를 해결해나가는 그 과정에서 아이들은 조금씩 견문을 넓히고 학식을 쌓아가며 지식을 얻는 즐거움을 피부로 느끼게 될 테니 말이다.

아이의 질문 능력을 끌어내고 아이가 질문을 할 수 있도록 판을 깔아주자.

그러면 아이의 호기심이 날로 부풀어 올라 지식이 풍부해질 테고, 더 나아가 '살면서 새로운 무언가와 만날 수 있다는 건 정말 기쁜 일'이라는 생각에 인생을 진취적으로 살아가게 될 것이다.

그러니 다음에 아이가 또 질문을 하거든 요리를 하던 중이더라도 일단 불을 끄고 아이의 눈을 바라보며 일단 이렇게 칭찬해주자.

"정말 좋은 질문이다!"

불규칙한 생활이
아이 두뇌에 미치는 영향

"아이가 매일을 안정적으로 보내는 것이 중요하죠. 그러니 하루의 일정을 계획해 아이가 매일을 규칙적으로 보낼 수 있도록 해야 해요."

양육에 대한 조언으로 우리가 자주 듣는 말이다. 아침 몇 시에 일어나 몇 시에 아침밥을 먹고, 몇 시에 공원에 나가 놀고, 몇 시에 낮잠을 자고… 그러나 이렇게 짜여진 일상은 아이의 두뇌발달에 결코 좋은 일이 아니다. 특히 0~3세까지는 아이가 매일 다른 경험을 할 수 있도록 하여 새로운 자극을 주어야만 두뇌발달이 원활하게 이루어진다.

기본적으로 인간의 뇌세포 수는 모든 사람이 같지만 신경

세포를 연결하는 시냅스*는 사람마다 다르다. 일반적으로 시냅스의 개수가 많을수록 두뇌회전이 빨라진다.

0~3세는 대뇌에 가장 많은 시냅스가 생성되는 시기로 새로운 외부자극을 받을 때마다 새로운 시냅스가 생겨난다.

매일 똑같은 생활을 하는 아이보다 다채로운 생활을 한 아이가 더 많은 시냅스를 만들어낸다.

아이가 매일 다른 하루를 보낼 수 있도록 해야 한다는 것은 바로 이러한 이유 때문이다. 예컨대 매일 아침 메뉴를 바꿔본다든지 밥 먹는 장소를 달리한다든지 그릇에 변화를 주어도 좋다.

항상 같은 공원에서 같은 친구들과만 어울리도록 하지 말고 가끔은 차를 타고 다른 공원에도 가보자. 같은 공원을 가더라고 일부러 먼 길로 돌아가 이전과는 다른 경치를 보여주는 것도 한 방법이다. 이러한 행동들이 실은 굉장히 중요하다.

아이에게 매일 똑같은 TV프로그램을 보여주지 말고 다양한 채널을 보여주는 것도 좋은 방법이다. 그래야 다양한 자극

---

* 신경 세포의 신경 돌기 말단이 다른 신경 세포와 접합하는 부위로 정보를 출력하고 입력하는 역할을 한다. 학습과 기억을 책임지는 세포구조다.

을 주어 아이의 두뇌가 원활하게 발달할 수 있다.

아이를 어린이집에 보내야 한다면 아이를 데리러 갈 때마다 아이와 매일 다른 주제로 대화를 나누기 바란다.

집에 오는 길을 달리해본다든지 휴일에 아이를 데리고 동물원이나 자연을 접할 수 있는 곳으로 가 아이가 사계절의 변화를 느낄 수 있게 해주어도 좋다. 숲의 싱그러운 향기, 꽃의 화려한 색깔, 흙의 촉감 등 다양한 것들을 느끼고 경험할 수 있도록 해주는 것이다.

비단 손으로 감촉을 느끼는 것뿐만 아니라 눈으로 보고, 귀로 듣고, 입으로 맛보는 모든 것이 경험이 될 테니 아이의 오감에 더 많은 자극을 주어야 한다.

8세 전,
두뇌 발달의 골든타임

유아기가 지나도 인간은 여전히 시냅스를 만들어낸다. 8세 이전에 아이의 두뇌는 놀라운 속도로 외부의 지식을 흡수해 복잡하게 변한다. 8세 때 정해진 IQ가 평생 변하지 않는다는 말도 있는 만큼 부모는 이 시기에 되도록 다양한 경험을 제공해 아이의 두뇌에 많은 자극을 해주어야 한다.

책을 읽고, 운동을 하고, 미술관에 가고, 동물과 접촉하고,

시를 쓰는 등 자극을 주어 아이의 두뇌가 풀가동되어야 아이들이 더 많은 것을 받아들이며 끊임없이 성장할 수 있다.

8세가 넘으면 쓸데없는 시냅스를 천천히 가지치기하기 시작한다. 구체적인 연령은 사람마다 다를 수 있지만 일반적으로 12~14세가 되면 아이가 잘하는 것과 못하는 것, 좋아하는 것과 싫어하는 것의 틀이 잡히기 시작하는데, 이는 두뇌 발육의 결과라고 할 수 있다.

그 전까지 대량의 시냅스를 만들어내 두뇌를 복잡하게 만들 수 있다면 아이에게 주어지는 선택의 기회도 더 많아진다. 이러한 아이들은 사고의 폭이 넓어져 어떤 일이든 단번에 이해를 하는, 두뇌가 민첩한 사람이 될 수 있다.

나는 지금껏 아들들이 매일 다른 경험을 할 수 있도록 가능한 한 최선을 다해왔다. 겨울의 추위와 봄날의 꽃, 여름의 바다, 가을의 단풍을 통해 아이들이 사계절을 몸으로 느낄 수 있도록 했고, 음식도 '오색오미(伍色伍味)*'에 신경을 써서 다양한 식재료로 다양한 메뉴를 만들었다.

남편도 마찬가지였다. 한 번은 해질 무렵 퇴근해 돌아온 남편이 갑자기 온천에 가자고 했다. 내일 아이들 학교는 어쩌고

---

* '홍, 황, 녹, 백, 흑'의 다섯 가지 색깔과 '달고, 시고, 짜고, 쓰고, 매운' 다섯 가지 맛을 모두 갖춘 음식. 중국의 음양오행설을 기초로 하며, 일식의 기초이기도 하다

온천에 가느냐고 묻는 내게 남편은 이렇게 말했다.

"학교야 하루쯤 쉬어도 괜찮잖아." 그렇게 우리는 즉흥적으로 여행을 떠났다.

물론 아이들은 매우 즐거워했다. 학교를 가지 않고 하루를 쉰 이후로 아이들은 그 다음 날 여느 때보다 더 신나게 학교에 갔다.

매일 정해진 시간표를 따르는 것이 습관이 된 아이는 시간표가 달라지면 막대한 심리적 부담을 느낀다. 매일 같은 시간에 일어나 밥을 먹고, 학교에 가고, 숙제를 하고, 놀고, 저녁을 먹고, 씻고, 잠자리에 들어야 하는데 이것이 깨지면 스트레스를 받게 되는 것이다.

그러나 우리 아들들은 매일 다른 일을 하는 것이 당연하다는 것을 알았고, 이것이 결과적으로 그들의 임기응변 능력을 키워주었다. 주변 환경이 갑자기 바뀌더라도 아들들은 당황하지 않았다. 저녁식사 시간이 늦어져도 불평하지 않았고, 잠자는 시간이 줄어들어도 짜증을 내지 않았으며, 숙제를 다 하지 못했어도 허둥대지 않았다. 그들이 어떠한 상황에서도 침착하게 할 일을 할 수 있게 된 것은 어려서부터 긴장과 이완이 섞인 변화무쌍한 일상을 보냈기 때문이라고 생각한다.

인생에는 다양한 돌발 상황이 발생하기 마련이다. 아이가 자라며 위기 상황에 처했을 때 스스로 그 위기를 돌파할 수 있는 힘은 바로 이 일상 속 사소한 변화에서 나온다는 점을 잊지 말자. 아이에게 임기응변 능력을 키워주기 위해서라도 반드시 완급이 있는 생활을 할 수 있도록 하자.

초등학생이 되기 전, 거의 매일 어머니가 일하는 곳에 갔었던 기억이 있다. 예를 들면 방송국이라든지 각지의 콘서트장 등. 그때마다 나는 다양한 환경에서 매일 모험을 하는 듯한 기분을 느낄 수 있었다. 그때의 경험 덕분에 나는 어떤 환경, 어떤 상황에 놓여있든 즐거운 마음으로 헤쳐 나갈 수 있는 사람이 되었다. 또 지금도 언제나 새로운 일들을 가능한 많이 시도해보려고 노력 중이다. 이러한 시도들이 나를 계속해서 성장하게 만드는 원동력이 되어주고 있다.

글을 좋아하게 만드는
세 가지 방법

글을 좋아하는 자연스레 아이는 책읽기를 좋아하고, 신문 보는 일을 즐기게 된다. 교과공부도 힘들다고 느끼지 않으며, 글쓰기 솜씨 또한 저절로 좋아진다.

자발적으로 지식을 탐구하게 되면 견문을 넓혀 다채로움이 가득한 인생을 살아가는 데 밑거름을 다질 수 있다. 발 빠르게 기회를 포착해 어려움을 극복하는 능력을 키울 수 있음은 물론이다. 그렇기에 최대한 아이가 글을 좋아하게 만들어야 한다. 이에 초보 엄마들은 분명 이런 질문을 던질 것이다.

"어떻게 해야 아이가 글을 좋아할까요?"

"몇 살 때부터 글쓰기를 가르쳐야 하죠?"

이 질문의 답을 찾으려면 일단 세 가지가 중요하다. 첫째, 아이가 책과 친구가 될 수 있도록 한다. 둘째, 놀이를 통해 아이 스스로 글을 배울 수 있도록 한다. 셋째, 아이가 시대의 언어를 학습하도록 한다.

아이가 책과 친구가 되게 하려면 어려서부터 책이 정말 재미있는 것임을 알려줄 필요가 있다. 물론 요즘 시대가 시대인 만큼 꼭 종이책이 아니어도 좋다. 요컨대 아이가 '독서는 가장 재미있고 즐거운 일'이라고 생각할 수 있도록 차근차근 책의 세계로 안내해야 한다.

예를 들면 나는 우리 아들들이 갓난아기일 때부터 그들과 함께 책을 보았다. 아직 목도 가누지 못하고, 시력도 발달 중인 아이와 함께 말이다. 처음에는 나도 아이가 정말 이해를 할 수 있을까 반신반의했다.

하지만 아무리 갓난아기라 할지라도 컬러풀한 그림책의 매력을 느낄 수 있을 것이라 생각했고, 이런 생각은 틀리지 않았다. 아이들은 내 손가락의 움직임을 따라 책을 보았고 손으로 책장을 만져보려 하기도 했다. 그러다 내가 소리를 내어 책을 읽으면 덩달아 웃음을 터뜨리거나 놀란 표정을 지어보였다. 어느새 아이들은 스스로 책을 집어 들고 책 속의 그림을 보거나 책을 읽어달라며 내 옷자락을 끌어당겼다. 그렇게 아이들이 말을 배우기 시작할 즈음에는 함께 읽었던 책의 내용을 기억해 글귀를 따라 읽을 수 있을 정도가 되어 있었다.

그러고 보면 아이들이 태어난 이후부터 우리 집엔 항상 책이 그득했다. 사온 책, 빌려온 책, 새 책, 헌책… 아이들이 지겨워하지 않도록 내가 다양한 책을 준비했기 때문이기도 하지만 취향이 제각각인 아이들 덕에 장서가 점점 늘어날 수밖에 없었다.

일요일에는 으레 온 가족이 함께 서점 나들이를 나섰다. 그래서인지 마음에 드는 책을 구매해 커피숍에서 커피를 마시며 책을 읽는 일이 우리 가족에게는 여전히 큰 즐거움이다. 책은 우리 가족 간의 소통에 매우 중요한 매개체이기도 하다. 읽었던 책에 대해 서로 이야기를 나누거나 책을 바꿔보며 끊임없이 교감하고 소통하는 식인데, 그 결과 우리 세 아들은 그야말로 '책벌레'가 되었다.

놀이로
글을 접하게 하라

아이가 글자를 깨우치길 바란다면 놀이를 통해 글을 배우는 즐거움을 만끽하게 해보자. 유쾌한 방법으로 학습할 수 있을 때 아이는 더 이상 글자 익히기를 고역이라 생각하지 않을 것이며, 기억력도 더 좋아질 테니 말이다.

참고로 나는 아들들이 글자를 익힐 수 있도록 내가 직접 만든 표를 벽에 붙여두었다. 각 글자 아래에는 그 글자로 시작하는 단어의 그림도 자그맣게 그려 넣었다. 시중의 알파벳 표를 보면 A에 사과그림이 그려져 있고, 'Apple의 A'라고 배우듯이 말이다.

물론 표를 그저 붙여만 둔 것은 아니었다. 처음에는 가까이서 글자와 그림을 보여준 후 아이가 어느 정도 기억을 했겠다 싶으면 아이를 되도록 벽에서 떨어뜨리고는 "저게 무슨 글자지?"라고 물었다. 아이가 모르겠다고 대답하면 나는 이렇게 말했다.

"조금만 가까이 가서 확인해볼까?"

그러면 아이는 벽 쪽으로 다가가 그림을 보고 그에 상응하는 글자를 생각해내고는 흥분하며 정답을 외쳤다.

그래도 아이가 기억해내지 못하면 더 가까이 가서 직접 표를 확인해보도록 했다. 그래야 아이는 남이 가르쳐준 게 아니라 스스로 학습했다고 생각할 것이기 때문이었다. 이런 방법으로 아이는 금세 일본어는 물론 영어 알파벳까지 깨우쳤다.

놀면서 배우고 이를 자신만의 속도로 소화시키는 것보다 더 좋은 학습방법은 없다.

이 밖에도 아이가 '시대의 언어'를 학습할 수 있도록 이끌어 줄 필요가 있다. 요즘은 모국어는 물론이고 세계 공용어인 영어 구사 능력이 필수인데다 코딩(Coding, 컴퓨터 프로그래밍의 다른 말로 컴퓨터 언어로 프로그램을 만드는 일-옮긴이)에 사용되는 프로그래밍 언어도 하나의 핵심 언어가 된 시대이기 때문이다. 그 방증으로 미국과 유럽의 일부지역에서는 초등학교 때부터 코딩수업을 진행하고 있으며, 우리 둘째아들과 막내아들도 어려서부터 코딩 교육을 받은 덕분에 전공과 공부 모두에 큰 도움을 받았다.

그러니 시대의 흐름에 발맞춰 아이가 영어와 함께 코딩을 학습할 수 있도록 이끌어주는 건 어떨까? 글은 시대에 따라 변화하고, 문화와 기술 또한 글을 통해 끊임없이 발전해나간다. 아이가 시대적인 흐름을 따라 알찬 인생을 살아갈 수 있도록 부디 아이가 글을 좋아하게 만들어주길 바란다.

사실 우리 삼형제 중 책읽기에 가장 소질이 없는 사람은 나다. 거의 매일 수백 페이지의 두꺼운 책을 읽는 두 동생들에 비해 나는 단편이나 도감, 잡지, 신문 같은 것들을 더 즐겨본다. 그렇다고 동생들보다 실질적으로 얻는 정보량이 적으냐 하면 그건 또 아닌 것 같다. 내 생각이지만 별반 차이가 없지 않을까 싶다. 특별히 눈에 들어오는 내용이 있으면 그에 관한 것을 하나도 빠짐없이 찾아봐야 직성이 풀리는 성격이기 때문인데 이런 점은 예나 지금이나 여전하다.

한마디로 흥미로운 것을 발견하면 글이 더 좋아지는 타입이라고나 할까? 학교 친구들이나 부모님도 잘 모르는 문제에 관심이 생기면 책을 통해서든 인터넷을 통해서든 일단 글을 읽어야 지식을 획득할 수 있으니 말이다. 그런데 돌이켜 생각해보면 나의 이런 호기심은 나를 글과 친한 사람으로 만들어주신 부모님 덕분이다.

공부에 흥미 없는 아이?
부모 하기에 달렸다

나는 아이가 공부도 놀이도 모두 즐거운 일이라고 생각하길 바랐다. 예컨대 "숙제 다 한 다음에 놀아"라는 말은 아이에게 숙제는 반드시 끝내야 할 '고달픈 의무'이며, 그 의무의 끝에는 '즐거운 보상'이 기다리고 있다고 말하는 것이나 마찬가지다. 그래서는 아이에게 공부도 즐거운 일이라고 생각되기가 힘들다.

그래서 나는 항상 아이들에게 배움은 즐거운 일임을 강조하며 이렇게 말했다.

"새로운 지식을 얻는다는 건 정말 즐거운 일인데, 숙제를 하면서 또 어떤 즐거움을 얻을 수 있을지 한번 볼까?"

더 많은 배움과 지식을 얻고자 하는 아이로 키우려면 아이가 놀면서 배울 수 있는 환경을 조성해주는 것이 중요하다. 그렇다면 어떻게 해야 아이 스스로 공부하는 습관을 길러줄 수 있을까?

핵심은 아이들이 배움의 즐거움을 온몸으로 느낄 수 있도록 하는 데 있다.

아들들이 과일과 물고기, 꽃의 이름을 외우기 시작했을 때, 나는 아이들의 기억력을 높여주기 위해 일부러 이름을 틀리게 말하고는 했다.

예를 들면 오렌지를 먹으면서 "이 바나나 정말 맛있다"라고 말하는 식이었다. 그러면 아이는 곧바로 내 말을 정정하며 "아니, 아니에요! 이건 오렌지예요!"라고 말했고, 내친김에 우리는 오렌지에 대해 이런저런 이야기를 나눴다. 이러한 방법은 확실히 효과가 있었다. 아이가 오렌지에 대한 지식을 똑똑히 기억하게 되었으니 말이다.

이외에도 우리 가족은 동물원이며 수족관, 미술관, 박물관, 과학관을 자주 다녔다. 보고, 듣고, 만지고, 냄새를 맡고, 때로는 맛도 보면서 아이는 새로운 지식을 빠르게 흡수했다.

공부를 게임처럼
느끼게 하라

아이들이 조금 더 큰 후에는 또 다른 방법을 썼다. 예컨대 지리를 익히는 방법으로 나라 이름 대기 게임을 적극 활용했다. 게임 참가자가 돌아가면서 나라 이름을 대 중복되는 나라 이름을 말하는 사람이 지는 게임이었는데, 이 게임을 통해 아이들은 점점 더 많은 나라의 이름을 기억하게 되었다. 게임에서 이기고 싶어 하는 아이들의 심리가 자연스레 암기력을 높이는 데 도움이 된 것이다.

그런 다음에는 난이도를 높여 각 나라의 수도 이름 대기로, 또 그다음에는 국가 원수의 이름 대기로 게임을 확장했고, 국기를 보며 나라 이름을 맞추는 게임을 하기도 했다. 이런 식으로 놀면서 배울 수 있는 방법을 활용하자 아이들이 공부를 지루해하기는커녕 어느새 배움을 즐기게 되었다. 심지어 아이들이 "오늘은 수도 이름 맞추기 해요!"라며 먼저 공부 게임을 제안할 때도 있다.

학과공부를 할 때도 마찬가지였다. 아이들이 좀 더 즐겁게 과제를 할 수 있도록 많은 노력을 했다.

한자시험을 앞둔 아이를 위해 내가 직접 고안한 암기법을 전수해주기도 하고, 출제범위 안에서 시험문제를 예상해보는 게임을 하기도 했다.

"양(羊)이 크면(大) 아름다워(美)져", "쌀(米)을 나누면(分) 가루(粉)가 되지!", "네가 선생님이라면 내일 시험에 어떤 문제를 낼 것 같아? 우리 한번 예상해보자! 엄마가 많이 맞출지, 아니면 네 예상이 적중할지 기대되는데!"

이렇게 한자를 입체화해 외우고, 예상문제를 출제해보는 과정을 통해 아이는 배운 내용을 복습하고, 문제의 답을 한 번 더 생각해보는 시간을 가졌다. 그 덕분에 아이는 시험 당일에도 누구의 예상이 적중했을지 기대하며 시험을 게임의 일부분으로 여길 수 있었다.

매일 이렇게 꾸준히 하다 보면 아이에게는 조금씩 '공부가 이렇게 재미있는 거였구나!', '새로운 지식을 얻는 게 이렇게나 신나는 일이었다니!'라는 생각이 싹터 학구열이 높아지게 된다.

공부하는 것과 노는 것을 명확하게 구분 짓지 않고 놀면서 배우고, 배우면서 노는 것! 이상적인 학습 형태란 바로 이런 것이다.

초등학교 시기의 학습 내용을 입체화해 놀면서 가르치기란 그리 어려운 일이 아니다. 조금만 노력해도 얼마든지 교과서에 없는 정보를 수집해 공부를 더 재미있게 만들 수 있다. 그렇게 아이가 더 이상 학습과 놀이에 선을 긋지 않고, 두 가지 모두를 즐기게 된다면 성공이다.

배우는 즐거움을 온몸으로 느낀 아이는 중학교에 진학하고 고등학교에 가서도 또 대학생이 되고 사회인이 되어서도 끊임없이 스스로 새로운 지식을 찾아 습득하게 될 테니 말이다.

1등을 강요하면
공부를 포기한다

'좋은 결과를 내는 게 가장 중요하다'는 말이 있다. 하지만 정말 그럴까? '결과'를 얻기까지는 목표를 향해 노력한 '과정'이 있기 마련인데 그렇다면 그 과정이 더 중요하지 않을까? 사실 교육학 이론으로 말하자면 과정보다 중요한 건 없다. 어떤 결과를 얻었는지보다 우리가 어떻게 학습하고 어떻게 결과를 얻었는지, 그 과정에서 마땅히 평가받을 만한 점은 없었는지가 관건이 되어야 한다는 뜻이다.

물론 최근 들어 학생이 낸 답뿐만 아니라 학생이 어떻게 그 답을 도출했는지의 과정도 함께 평가대상으로 삼는 학교들이 늘어나는 추세이기는 하다. 하지만 그럼에도 우리 사회에는 여전히 '결과를 중시'하는 풍조가 만연해 있어 성적이 좋지 않은 학생은 어김없이 '열등생' 취급을 받는다. 문제는 이런 상황에 익숙해질수록 '어쨌든 난 안 돼'라는 생각으로 자포자기하는 아이들이 늘어나게 될 것이라는 사실이다.

그렇다면 이럴 때 부모는 어떻게 해야 할까? 먼저 시험이라는 제도가 왜 생겨났는지를 아이에게 설명해줄 필요가 있다.

인류의 역사에서 교육이 보편화된 건 최근 들어서다. 학교에 가고 싶어 하는 아이들은 많았지만 학교가 부족해 우수한 아이를 선발하다 보니 점수가 좋은 아이에게만 교육받을 기회가 주어졌고, 이것이 시험제도로 굳어진 것이다. 다시 말하면 시험은 과거 우수한 아이를 선발하기에 가장 단순 명쾌한 방법이었던 셈이다. 그 결과 아이들의 다른 장점이 도외시되고 점수가 높은 아이들만 인정을 받게 되었지만 말이다. 그러나 이는 결코 인재를 선발하는 최고의 방법이 아니다. 아무리 현실과 이상이 다르다지만 그렇다고 결과만 중시해서는 안 되기 때문이다.

"단순히 시험을 통과하는 것만으로 한 사람이 가진 진짜 장점을 알 수는 없어. 하지만 최소한의 점수 요건에도 도달하지 못한다면 사회에서 널 인정해주지 않을 거야. 진학을 하지 못하면 나중에 커서 네가 하고 싶은 일이 생겨도 제약이 따를 수 있고, 어차피 봐야 할 시험이라면 즐겁게 공부하자."

151

이런 식의 설명으로 결과가 전부를 뜻하지는 않지만 불합리한 현실도 존재함을 아이에게 이해시킨 후 함께 공부해야 한다.

다시 한 번 말하지만 아이가 공부를 좋아하게 만드는 것이 무엇보다 중요하다. 단순히 높은 점수를 목표로 할 것이 아니라 내용을 제대로 이해해 아이가 공부에 재미를 붙이는 데 방점을 찍어야 한다는 뜻이다. 앞에서도 말했지만 입체적인 학습방법을 활용하면 아이는 배움을 즐거운 일로 인식해 스스로 공부를 하게 된다.

이때 부모는 아이가 학습한 내용을 정말 제대로 이해했는지 수시로 확인해볼 필요가 있다. 물론 "60점! 왜 이 정도밖에 노력을 안 한 거야?"라며 아이에게 화를 내는 건 금물이다. "60점! 그럼 60퍼센트는 습득했다는 뜻이네. 아직 습득하지 못한 40퍼센트는 뭔지 함께 살펴볼까?"라고 말한 다음 아이와 함께 제대로 이해하지 못한 내용을 복습해야 한다.

분명 모르는 부분이 있는데 이를 제대로 짚고 넘어가지 않는다면 다음 교과과정에서는 모르겠는 내용이 더 많아질 수밖에 없고, 시험성적 또한 점점 더 떨어질 수밖에 없다. 초등학교의 교과내용은 부모가 가르칠 수 있을 만한 수준이니 아이가 어려워하거나 제대로 이해하지 못한 부분을 찾아내 완벽히 이해할 때까지 설명해주자.

당장의 점수는 중요한 문제가 아니다. 진짜 관건은 아이가 공부한 내용을 정말로 이해했는지 여부다. 아이가 내용을 이해하고 배움의 즐거움을 알게 된다면, 공부와 친해져 스스로 더 많은 지식을 얻고자 노력할 테고, 그럼 공부에 대한 자신감이 붙어 시험성적 또한 자연스레 높아질 것이다.

공부에 재미를 붙여주려면 아이가 잘하는 과목을 찾는 것도 중요하다.

아이에게 특별히 좋아하고 잘하는 과목이 있다면 더 빨리 공부와 친해질 수 있다. 아이가 "저는 아기가 좋아서 나중에 보육사가 되고 싶어요"라고 말한다면 이렇게 말해보자.

"보육사가 되려면 뭘 배워야 할까?"

그러면 아이는 자신의 목표를 위해 무엇을 공부해야 할지를 알아보고, 그 공부에 열중할 것이다.

여행이 좋다는 아이에게는 "그럼 지리를 공부해봐" 또는 "인류학을 공부해보는 것도 좋겠다"라는 말로 아이가 다른 지역의 문화와 인류의 역사에 관심을 가질 수 있도록 유도해볼 수 있다.

또한 기차를 좋아하는 아이에게는 세계 각지의 철도를 알려주고, 교통수단과 연관된 직업을 소개해 아이가 그 분야에서 필요한 지식을 공부할 수 있도록 도와줄 수 있다.

좋아하는 일을 즐겁게 열심히 하다 보면 잘하는 일이 될 수 있다. 그러니 아이가 스스로 공부하길 원한다면 아이가 좋아하는 것부터 찾아야 한다. 잘하는 과목의 성적이 올라 자신감이 생기면 다른 과목의 성적도 덩달아 좋아지게 될 테니 말이다.

마찬가지로 체육 활동을 할 때도 결과만을 중시해서는 안 된다. 운동의 본 목적은 건강한 몸을 만드는 데 있다. 그런데 가끔 보면 본질을 잊고 뛰어난 성적에만 집착하며, 아이의 심신건강보다 우승을 더 중요하게 생각하는 부모와 코치가 적지 않다.

"우승하지 못하면 아무 의미도 없는 거야!", "팀을 위해 반드시 승리해야 해!", "힘내! 절대 지면 안 돼!" 매일 이런 말을 듣고 자란 아이는 시합에 졌을 때 자신을 '쓸모없는 인간'이라고 느끼게 된다. 이 얼마나 안타까운 일인가!

부디 아이들에게 이렇게 말해주자. "운동은 건강한 몸과 마음을 갖기 위해서 하는 거야. 승패는 부수적인 결과일 뿐이야." "승패가 전부는 아니야. 네가 몸 건강히 친구를 사귀고, 또 모두와 함께 노력의 시간을 보낸 것만으로 충분한 가치가 있어. 절대 네 노력이 헛된 게 아니야."

결과 중심의 평가방식으로는 아무 개성 없는, 비슷비슷한 인간을 만들어낼 뿐이다. 그러나 앞으로 우리 아이들이 살아갈 세상은 지금까지와는 또 다른 세상이 될 것이다. IT분야에서든 기술혁신 분야에서든 남다른 개성과 재능을 가진 사람이 신문물을 발견하고, 또 새로운 가치를 만들어내는 그 중심에 서게 될 테니 말이다. 부모가 아이의 개성과 재능을 찾아 이를 키워줘야 하는 이유는 바로 이 때문이다.

아이가 '좋아하는 일'을 찾을 때까지 기다려라

요즘 아이들은 배워야 할 것들도 참 많다. 수영, 피아노, 발레, 학원이 끝나면 또 축구교실, 야구교실까지…. 학교수업이 끝나도 이렇게 바쁜 일정을 소화하는 아이들이 한둘이 아니다.

물론 아이가 어렸을 때 다양한 경험을 해볼 수 있도록 기회를 제공하는 것은 정말 중요한 일이다. 그러나 아이가 이러한 과외활동에 거부감을 가지고 불만을 터뜨리며 "가기 싫어", "연습 안 할래"라고 말한다면? 그래도 아이를 계속 학원에 보내야 할까, 아니면 그만두게 해야 할까?

'일단 시작했으면 끝까지 해야지. 힘들다고 그만두게 하면 앞으로 뭘 계속할 수 있겠어', '그렇다고 아이가 싫어하는 게

빤히 보이는데 계속 다니라고 밀어붙이기도 좀…' 부모라면 상당히 고민이 될 것이다. 나도 그랬으니까.

그런 과정을 지나온 사람으로서 말하자면 이럴 때일수록 아이와 충분한 대화를 나눠보길 추천한다. "왜 가기 싫은 거야?", "그냥 과외활동을 하는 자체가 싫은 거야, 아니면 함께 수업 받는 친구들과 사이좋게 지내지 못해서 그런 거야?", "힘들어서 과외활동을 줄이고 싶니?", "아니면 달리 하고 싶은 게 있어?" 등 자세히 이유를 물어본 다음 결정하는 편이 좋다.

아이에게 정말로 싫어하는 과외활동이 있다는 걸 알았다면 더 이상 억지로 시키지 말아야 한다. 아이의 적성은 부모도 아이도 잘 모를 수 있기 때문에 싫어하는 일을 강요하기보다 아이가 정말 좋아하는 일을 찾을 때까지 다양한 과외활동을 시도해보는 것이 낫다.

그러다 보면 아이가 먼저 하고 싶다고 해서 수업을 등록해줬더니 시작하고 금세 마음이 바뀌어 하기 싫다고 말하는 경우도 있을 수 있다.

우리 집 세 아들도 그랬다. 축구팀과 야구팀에 들어가고 싶다고 해서 등록을 해줬더니 얼마 지나지 않아 자신들의 적성이 아님을 깨닫고 재미와 열정을 모두 잃은 것이다. 계속 팀에 남아있어 봤자 팀에도, 아이에게도 이로울 것이 없는 상황이었기에 나는 아이들과 대화 끝에 팀을 탈퇴하는 것으로 결론

지었다. 억지로 무엇을 시키기보다 자신들이 정말 좋아하는 다른 일을 찾을 수 있도록 아이들에게 충분한 시간을 주는 것이 더 낫다는 판단에서였다. 이후 아이들은 합기도와 배드민턴에 관심을 보였고, 그렇게 시작한 합기도와 배드민턴을 중학교를 졸업할 때까지 배우며 소중한 경험을 쌓았다.

외국어는 가능한
빨리 익히게 하라

솔직히 말하면 악기 연주가 두뇌발달에 도움이 된다고 해서 내 고집으로 보낸 학원도 있었다. 바로 피아노학원이었다. 아이들이 워낙 따로 연습하길 싫어해서 실력은 전혀 늘지 않았지만, 그래도 나는 아이들에게 연습을 강요하지 않았다.

대신 피아노 연습이 하기 싫은 이유를 물었고, 그제야 아이들이 음악을 싫어하는 건 아니라는 사실을 알 수 있었다. 아이들은 단지 피아노보다 배우고 싶은 악기가 따로 있었을 뿐이었다. 결국 큰 아들은 색소폰을, 둘째 아들과 막내아들은 기타를 선택해 원하는 악기를 배우기 시작했고, 피아노를 배우며 악보 보는 법을 익힌 덕분에 새로 배우는 악기도 쉽게 연주할 수 있었다. 특히 둘째 아들은 유난히 음악을 좋아해 작사, 작곡, 연주, 노래를 혼자서 다 소화할 수 있게 되었다.

당시 아이들을 계속 피아노학원에 보냈다면 아이들은 음악 자체를 싫어하게 되었을지도 모른다. 그렇게 생각하면 아이들이 뭘 좋아하는지 세심하게 살피길 잘했다는 생각이 든다.

한편 외국어 학습은 어렸을 때부터 시작하는 것이 가장 효과적이다. 이는 나의 경험에서 우러나온 결론이기도 하다. 홍콩에서 유치원 때부터 영어교육을 받은 덕분에 자연스럽게 영어를 구사할 수 있게 되었기 때문이다.

실제로 어릴 때부터 언어를 배우면 무의식중에 발음과 문법을 기억하게 된다고 한다. 그래서 나는 우리 아들들에게도 두 살 즈음부터 일본어와 함께 영어, 중국어를 가르치기 시작했고, 그 결과 아이들은 쉽게 영어를 구사하고, 일어도 곧 잘하게 되었다. 다만 학교 교과과정에 없는 중국어가 더디 느는 편이었는데, 그래도 어려서부터 꾸준히 중국어를 듣고 자라서인지 고등학교에 진학해 학교에서 중국어를 배우기 시작한 후로는 처음 중국어를 접한 아이들보다 실력이 느는 속도가 빨랐다.

요컨대 아이가 외국어를 배우길 원한다면 되도록 빨리 시작하는 것을 추천한다. 아이가 자연스럽게 외국어를 접할 수 있도록 집에 외국어 노래를 틀어놓는다거나 아이에게 외국영화를 보여주는 것도 한 방법이다.

아들들에게 과외활동을 많이 시키지는 않았지만 아이들이

꼭 배웠으면 하는 것들이 있었다. 종이접기와 콜라주, 오자미 (콩 주머니) 던지기 등과 같은 전통놀이와 문화였는데, 다행히 이러한 것들을 가르쳐줄 수 있는 선생님을 찾아 일주일에 한 번씩 체험시간을 가질 수 있었다. 그런 덕분에 아들들은 비록 흉내를 내는 정도이기는 하지만 도예나 다도, 연 만들기 등을 해볼 수 있었다.

이런 경험들은 아이들이 앞으로 인생의 전환점을 맞이해 스스로 길을 모색해야 할 때 좋은 참고자료와 정신적 지주가 되어줄 것이다.

그러니 아이가 정말 좋아하는 일을 찾기 전까지 인내심을 가지고 아이를 관찰하고, 아이의 마음의 소리에 귀를 기울이 길 바란다.

가능하면 부모가 직접 아이를 가르치는 것도 좋다고 생각 한다. 부모가 잘하는 것이면 뭐든 좋다. 그런 경험이 아이에게 는 좋은 추억이 되고, 그 추억은 평생의 보물이 될 테니 말이 다. 물론 학원에 다녀도 무방하다. 다만 가계에 부담이 될 정 도로 많은 과외활동을 할 필요는 없다.

피아노를 배울 당시 연습을 소홀히 했다는 사실은 인정한다. 그런데 지금 생각해보면 내 적성에 맞는 일은 결국 내가 '잘 배울 수 있는 일'이었던 것 같다. 어린 시절 내 친구들 중에는 피아노를 칠 줄 아는 사람이 많았고, 아주 잘 치는 아이도 꽤 있었다. 그러나 동아리 시절 색소폰을 불 줄 아는 사람은 두 명의 선배뿐이었다. 당시 나는 나도 잘 불 수 있을 것 같다고 생각했고, 그렇게 색소폰 연주를 배우기 시작했다.

어떤 분야든 새로운 사물을 배우는 기술은 매우 중요하다. 그것이 오랜 시간 지속할 수 없는 과외활동이라 하더라도 과정 중에 자연스레 기술을 습득할 수 있다. 예컨대 선생님 또는 다른 학생들과 지내는 방법이라든지, 연습하는 방법, 학습 동력을 유지하는 방법 등 쓸모없는 시간이란 없다.

아버지에게 배운 낚시와 어머니에게 배운 요리는 지금 생각해보면 모두 중요한 공부였다. 말은 이렇게 해도 피아노를 제대로 연습하지 않은 것은 대단히 부끄럽다. 피아노를 연주할 줄 아는 멋진 어른이 되지 못한 것도 조금은 후회가 된다.

물질적 보상이
공부 못하는 아이로 만든다

"다음번에 시험 잘 보면 장난감 사줄게", "네가 열심히 노력을 하면 용돈을 주지." 아이가 열심히 공부하길 바라면서 이렇게 '물질적인 보상'을 내걸지는 않았는가?

이 방법은 단기간에는 효과적인 방법일지도 모른다. 하지만 반복되면 아이는 공부 자체의 재미가 아니라, 보상을 위해 공부를 하게 된다. 하지만 무엇보다 중요한 건 공부를 열심히 하면 보상을 받는다는 사실이 아니라 '열심히 공부를 하면 재미가 있구나! 지식을 얻는다는 건 즐거운 일이구나!'라는 사실을 가르쳐 공부를 하는 자체가 곧 보상임을 깨닫게 하는 것이다.

부모는 세계 다른 지역의 냉혹한 상황을 알려줄 필요도 있다. "세상에는 공부를 하고 싶어도 하지 못하는 아이들이 아직 많아. 그런데 너는 학교에 갈 수 있으니 얼마나 행운이니! 진학해서 공부할 수 있다는 게 보상인거야!"

보상을 얻을 목적으로 공부를 하게 되면 아이는 '보상 없이는 공부를 하지 않아도 돼'라고 생각하게 된다. 보상을 받는 게 습관이 되면 더 이상 스스로 공부를 하지 않게 된다는 뜻이다. 부모가 지켜볼 때만, 엄마아빠의 인정을 받기 위해서만 하는 공부는 공부의 진정한 목표와 상반된다.

공부는 지식을 얻어 자신을 발전시키기 위해 하는 것이다. 설령 아무도 자신을 지켜보지 않는다 해도, 또 자신 때문에 기뻐하는 사람이 없다고 해도 자기 자신을 위해 공부해야 한다.

요컨대 아이에게 스스로 공부하는 습관을 길러주기 위해서라도 물질적인 보상을 하는 방법은 피하길 바란다.

어쩌면 혹자는 이렇게 말할지도 모르겠다.

"아무리 그래도 아이가 열심히 하면 가끔은 보상을 주고 싶은 게 부모의 마음 아닌가요?"

이런 마음을 나라고 왜 이해를 못하겠는가. 하지만 물질적인 보상을 주기보다 가족과 함께하는 재미있고 즐거운 추억을 만들어주자.

"굉장하다! 다음엔 함께 낚시하러 가자!", "열심히 했네. 그럼 오늘 저녁에는 별을 보러 가자!", "벌써 숙제를 끝냈구나! 그럼 공원으로 축구하러 가자!"와 같이 평소와는 다른, 소소한 모험이나 기억에 남을 만한 일을 함께하는 것이다.

"여름 방학에 함께 캠핑 가는 거 어때?", "바다로 가자!" 이렇게 아이에게 재미를 만들어주면 아이는 목표가 생겨 매일 열심히 노력할 수 있을 것이다.

보상에도
유머의 힘이 작용한다

내가 한 모임에서 이 이야기를 꺼냈을 때 한 젊은 엄마가 이런 질문을 한 적이 있다.

"그동안 딸아이 공부시키려고 장난감이며 용돈을 보상으로 줬거든요. 이제라도 이런 습관을 고칠 수 있을까요?"

나는 이렇게 조언했다.

"다음에는 이렇게 말해보세요. '예습 · 복습을 빨리 끝내면 엄마에게 메이크업하게 해줄게'라고요." 그러자 젊은 엄마는 웃으며 답했다.

"좋은 생각이네요! 아이도 분명 즐거워 할 거예요!"

부디 유머감각을 가지고 자유롭게 상상력을 발휘해보라. 아이들이 좋아하고, 또 아이들이 즐거워할 만한 일을 부모가 함께해주는 것, 그것이 가장 좋은 보상이다.

아이가 그림 그리기를 좋아하면 공원으로 그림을 그리러 나가고, 아이가 동물을 좋아하면 동물원에 데려가 각종 동물에 대한 이야기를 나누자. 내가 우리 큰 아들이 어렸을 때 물고기를 무척이나 좋아하는 아들을 데리고 자주 수족관을 찾았던 것처럼 말이다.

소중한 시간과 경험은 그 어떤 '물질'이나 '돈'으로도 살 수 없다. 이를 보상으로 삼는다면 가족 간의 유대가 한층 더 깊어질 수 있다. 또한 가족끼리 만든 추억은 아이의 심신 성장에도 영향을 줄 것이다.

그러니 항상 바쁘다고만 하지 말고 가능한 한 시간을 내어 아이의 마음에 남을 만한 보상을 주는 데 할애해보자.

6세 이전에는 만화책을 보여주지 마라

나도 세계 각국의 다양한 만화를 읽어 보았지만 치열한 시장 경쟁에서 두각을 나타낸 만화 중에는 이야기를 통해 용기를 주고, 우정과 희망, 꿈에 대해 가르쳐주는 수준 높은 작품들이 많다. 그러나 인기를 누리는 일부 작품에는 폭력적이고 선정적인 만화도 있다.

특히 만화에는 여성이나 여자아이의 가슴을 지나치게 강조하거나, 불필요하게 잔인한 장면을 묘사하는 등 아이들이 보기에 부적합한 표현도 심심찮게 등장한다.

일부 국가에서는 보통 이러한 만화를 유해도서로 간주해 비닐로 밀봉하고 미성년자의 구매를 제한하고 있다. 요컨대 요즘의 만화시장에는 옥과 돌이 뒤섞여 있는 만큼 아이가 현명한 선택을 할 수 있도록 부모의 지도가 반드시 필요하다.

특히 만화는 그림과 글을 조합한 형식이기 때문에 아이들에게 쉽고 매력적으로 보인다는 장점이 있다. 그러나 작자의 의도가 고정된 이미지 그대로 드러나는 만큼 만화를 보며 더 많은 상상력을 발휘하기 어렵다는 단점도 있다. 한마디로 독자가 굳이 상상력을 동원하지 않아도 쉽게 정보가 전해진다는 것이 만화의 장점이자 단점이기도 하다.

반면 일반적인 책은 모두 글로 이야기를 풀어내기 때문에 아이가 상상력을 발휘해 자신만의 세계를 만들어낼 여지가 있다.

상상력은 현실에 존재하지 않는 사물을 머릿속에 그리는 능력으로 아이가 건강하고 밝게 성장하는 데 매우 중요한 단초가 된다. 새로운 생각을 하는 능력, 타인의 마음과 고통을 헤아리는 능력, 꿈을 실현하는 능력 등이 모두 상상력의 산물이기 때문이다. 아이의 상상력을 키워주려면 만화를 보는 것보다 책을 읽는 것이 훨씬 효과적이다. 그러니 아이의 독서습관을 길러주는 것부터 시작하자.

그리고 앞에서도 이야기했듯이 아이들과 함께 도서관과 서점에 가고, 서로 좋아하는 책을 추천해주기도 하고, 가족끼리 독서 후 감상을 나누는 등 아이들이 책과 친해질 수 있도록 다양한 노력을 했다. 그 결과 세 아들 모두 독서를 사랑하게 되었다.

물론 모두가 우리 집처럼 엄격하게 할 필요는 없다. 하지만 아직 두뇌 발달 단계에 있는 아이가 만화에 빠지지 않도록 하겠다는 철칙은 필요하다.

아이가 글 위주의 책을 읽고 상상력을 발휘해 자신의 세상을 넓혀갈 수 있도록 격려하는 것이 무엇보다 중요하다.

5장

아이와
친구처럼
지내지 마라

아이에게는
'부모를 가질 권리'가 있다

요즘은 아이와 친구가 되길 바라는 부모가 점점 늘어나고 있는 추세다. 아이와 친구처럼 지내며 또래처럼 소통하는 것이 좋은 부모자식 관계를 증명한다고 생각해서다.

'아이와 친구가 되어야 속마음을 터놓고 지내지', '아이도 부모가 젊게 사는 걸 더 좋아할 거야', '딸아이와 자매처럼 보일 수 있게 항상 관리해야지', '아들이 남자친구처럼 보이면 좋지'… 많은 부모가 이 같은 생각을 가지고 '친구' 같은 부모자식 관계를 즐기고 있지만 아이에게는 이것이 불행일 수 있다.

모든 아이에게는 '부모를 가질 권리'가 있기 때문이다. 물론

피치 못할 사정으로 부모가 곁에 없거나 이미 세상을 떠난 경우도 있을 수 있다. 하지만 부모가 건재하다면 아이가 마땅히 누려야 할 권리를 보장해줄 의무가 있다.

실제로 UN '아동권리협약(Convention on the Rights of the Child)'에서는 아이에게 보장되어야 할 4대 기본권으로 '생존할 권리', '보호받을 권리', '교육받을 권리', '참여할 권리'가 명시되어 있는데 이러한 권리를 가장 잘 보호해줄 수 있는 사람은 바로 부모다.

친구 관계와 부모자식 관계는 책임의 무게가 다르다는 뜻이다. 부모는 부모로서 져야 할 책임이 있음을 자각하고, 아이가 마음 편히 성장할 수 있도록 아이에게 부모로서의 각오를 분명하게 보여줄 필요가 있다.

"아빠엄마는 목숨을 걸어서라도 너를 지켜줄 거야", "네가 다 커서 어른이 될 때까지 보살펴줄게", "무슨 일 있으면 엄마 아빠에게 말해줘! 분명 해결할 방법이 있을 테니까. 무슨 일이 있어도 있는 힘껏 도와줄게", "아빠엄마에게 기대도 돼! 그러니까 절대 혼자서 고민하지 마."

이처럼 자신에게 가장 많은 신경을 써주는 '부모'의 존재를 느끼면 아이는 안심하고 성장할 수 있다. 친구는 이러한 안도감을 제공할 수 없다. 부모자식 관계를 친구 관계처럼 만들어서는 안 되는 이유는 바로 이 때문이다.

부모는 아이가 언제나
의지할 수 있는 존재여야 한다

아이에게 부모는 곁에 있는 가장 가까운 어른이자 모방의 대상이다. '나는 우리 부모님을 존경해', '나는 아빠/엄마를 닮고 싶어'라고 생각할 수 있는 아이는 행복한 아이다. 이런 아이는 가족끼리 든든한 버팀목이 되어주는 가운데 자신감을 가지고 제 길을 걸으며 성장해나갈 테니 말이다. 요컨대 아이에게 존경받고, 아이가 닮고 싶어 하는 부모가 되려면 그럴 자격이 있는 어른의 자세를 갖추기 위해 최선을 다해야 한다.

부모자식 관계는 친구 관계처럼 그렇게 가볍지 않으며 또 가벼워서도 안 된다. 부모가 자식과 친구 같은 사이가 되어 아이에게 미움을 받지 않기 위해 엄한 말을 삼간다면 조금씩 부모로서의 위엄을 잃게 될지도 모른다.

곁에 있는 어른이 자신과 같이 '어려진다'는 건 아이에게 어떤 의미로는 부모를 잃는 것과 마찬가지이며, 일종의 불행이다. 부모는 절대 자신의 책임을 회피해서는 안 된다. 아이에게 '부모를 가질 권리'를 빼앗아서도 안 된다.

만약 현재 자신이 아이와 친구처럼 지내고 있다면 부모자식 관계를 다시 한 번 돌아보기 바란다.

내가 초등학교, 중학교를 다닐 때 부모님과 소위 친구 같은 관계를 가진 아이들이 더러 있었다. 하지만 그런 관계가 부러웠던 적은 없다. 비록 우리 형제와 부모님이 친구 같은 사이는 아니었지만 그렇다고 사이가 좋지 않은 것은 아니었기 때문이다. 부모님과 우리 형제는 낚시, 요리, 영화감상 등 같은 취미를 즐기며 정말 즐겁게 생활했다. 다만 부모는 부모로서, 자식은 자식으로서 존재하며 그 선을 넘지 않았을 뿐이다. 친구라면 언제든 동년배의 친구들을 사귈 수 있지만, 부모자식 관계를 기반으로 한 가족 간의 일체감은 가정에서가 아니면 경험할 수 없다. 그런 의미에서 마음속으로부터 믿을 수 있는 부모가 있음은 내게 커다란 안도감을 안겨주었다.

부모에 대한 믿음은
사소한 약속에서부터 시작된다

아이에게 한 약속은 반드시 지켜야 한다. 당연한 말처럼 들리
겠지만, 아이가 어리다는 이유로, 또 아이와 한 약속은 대부분
어른이 느끼기에는 사소한 것들이기 때문에 아이와의 약속을
쉽게 생각하는 경우가 많다. 그러나 부모로부터 타인에 대한
믿음을 배우는 아이에게 부모가 약속을 지키지 않고 거짓말
을 했을 때 아이는 관계에 대한 믿음을 잃게 되고, 커서도 약
속을 소홀히 여기는 나쁜 습관을 갖게 될 수 있다.

아이가 정직한 사람이 되길 바란다면 지킬 수 없는 약속은
절대 함부로 해서는 안 된다. 그리고 일단 약속을 했다면 반드
시 지켜야 한다.

예컨대 "다음 휴일엔 함께 축구하러 가자"라고 분명히 말해놓고, 막상 약속한 날이 돼서 "아빠가 어제 술을 너무 많이 마셔서 일어나질 못하겠네"라며 약속을 어긴다면 아이는 다른 사람의 말을 믿지 못하게 된다.

어른에게는 편의에 따라 다음으로도 미룰 수 있는 별것 아닌 '공차기'가 아이에게는 '손꼽아 기다리던 일'일 수 있다. 다시 말해서 약속이 깨졌을 때 아이가 느낄 실망감과 아이가 받을 마음의 상처는 어른이 생각하는 그 이상이 될 수 있다는 뜻이다.

요컨대 부모란 믿고 기댈 수 있는 존재임을 알려주기 위해서라도 아이에게 한 약속은 반드시 지켜야 한다. 그것이 아무리 사소한 약속일지라도 말이다.

그렇지 않으면 부모가 다음에 다른 약속을 하더라도 아이는 이를 의심하게 되고, 이런 일이 반복되다 보면 부모뿐만 아니라 그 누구도 믿지 못하는 지경에 이를 수 있다.

피치 못할 사정으로 도무지 약속을 지킬 수 없는 상황이라면 "아빠는 정말 네게 거짓말을 하고 싶지 않았는데, 아빠가 약속을 지킬 수 없는 일이 생겼어. 정말 미안하다"라고 아이에게 상황을 설명하고, 사과해야 한다. 그리고 아이가 부모의 부득이한 사정을 이해하고 받아들일 때까지 그 이유를 설명해야 한다.

나는 지금까지 아이들과의 약속을 깨본 적이 없다. 물론 약속을 지키기 어려운 일도 있었다. 예를 들면 매년 아들들의 생일에 직접 케이크를 구워주겠다고 한 약속이 그랬다. 일 때문에 귀가시간이 늦어져도 밤을 새워서 만들었는데, 한번 약속을 했으면 아무리 몸이 피곤해도 지켜야 마땅하다고 생각해서다.

보통은 아이들을 재워놓고 오밤중에 케이크를 만들기 시작했다. 그런데 문제는 아들 셋이 매년 요구하는 바가 다른데다 "올해는 공룡 모양의 케이크였으면 좋겠어요.", "저는 기린이 좋아요!"라며 꽤 구체적이고 까다로운 주문을 할 때가 있었다는 것이었다.

그럴 때면 그럴싸한 모양을 만들어내기 위해 케이크를 굽고 또 구워야 했지만 그래도 포기하지 않고 끝까지 도전해 결국은 완성해내고야 말았다. 아이들이 기뻐하며 환하게 웃는 얼굴을 보면 그런 고생쯤은 아무것도 아니라는 생각이 들었다.

핼러윈 데이에도 마찬가지였다. 꼬마 아이들이 각자 다른 캐릭터로 분장을 하는 이날에도 나는 매년 아이들의 의상을 손수 만들어주었다. "저는 카우보이로 변신할래요!", "저는 경찰이요." 저마다 다른 아이들의 요구에 어떨 때는 수일을 앞당겨 작업을 시작해야 겨우 날짜를 맞출 수 있었지만 그럴 만한 가치는 충분했다. 수면시간을 희생해 내 몸이 피곤하긴

했지만 아이들과의 약속을 지킬 수 있었고, 또 그 덕분에 지금까지도 잊지 못할 아름다운 추억을 아이들에게 선물할 수 있었으니 말이다.

아이들은 언제나 부모의 모습을 지켜보고 있다.

부모가 아이를 위해 노력하는 모습을 보여준다면 아이는 분명 이러한 믿음을 갖게 될 것이다. '아무리 어려운 일이라도 아빠엄마는 나와의 약속을 반드시 지켜주실 거야.' 그리고 이러한 믿음은 아이의 인생에 큰 힘이 되어줄 것이다.

믿을 만한 사람이 곁에 있다는 사실만으로 매일을 안심하고 살아갈 수 있을 테니 말이다. 부모로서 자식에게 믿을 만한 사람이 되어줄 수 있느냐, 없느냐는 순전히 부모의 노력에 달려있다.

아들의 한마디

어머니가 밤새워 우리에게 케이크를 만들어주었을 때, 나는 어머니가 우리와의 약속을 지켜주었다는 사실을 넘어 일이 바쁜 와중에도 여전히 우리를 위해 열심히 노력하는 어머니의 마음을 느낄 수 있었다. 이런 어머니에게서 '거짓말을 하지 않고', '약속을 지키기 위해 노력하는' 태도와 함께 한 가지 더 배운 점이 있다. 그것은 바로 상대를 정말 중요하게 생각하고, 그를 위해 노력한다면 상대에게도 분명 그 마음이 닿을 것이라는 사실이다. 그때의 이러한 깨달음을 나는 지금도 여전히 중요하게 여기며 사람을 대하는 기준으로 삼고 있다.

아이의 개성을 지켜줄 수 있는
사람은 부모뿐이다

사회심리학자들은 흔히 일본사회를 일컬어 '역할 완벽주의 사회(Role Perfect society)'라고 부른다. 모든 사람이 각자의 역할을 완벽히 수행하려는 사회라는 뜻이다.

그만큼 완벽한 가정주부나 완벽한 아내, 직장인, 엄마, 아빠 등 각 역할에 대한 사회적 기준도 명확한 편이다. 여자들은 친구들과 함께 있을 때와 남편 앞에서의 모습이 다르고, 남자들은 아내를 대할 때와 회사에서의 모습이 다르다. 상황과 장소에 따라 저마다 다른 '나'의 역할을 수행하고 있기 때문이다.

이는 사회의 순조로운 발전을 이끈 모종의 규칙인 동시에 자신의 본모습을 드러내는 일을 금기로 만들기도 했다. 사람들은 자기 자신을 억누르더라도 '사람들이 내게 기대하는 역할'을 잘 수행해 주변 사람과의 조화를 깨지 않는 것이 일종의 미덕이라고 생각한다.

문제는 이렇듯 '모난 돌이 정 맞는' 사회분위기 속에서 아이가 자신도 모르게 '남들처럼 하면 되지' 또는 '튀면 안 돼'라는 생각을 하게 된다는 점이다.

그래서 초등학교 때까지만 해도 선생님의 질문에 답을 하겠다고 "저요! 저요!"를 외치며 열심히 손을 들던 아이들이 중·고등학교에 진학하면 주변 사람의 반응을 살피며 발표를 꺼려하기 시작한다. 대학에 가서는 교수님의 질문에 손을 들고 답하려는 학생이 거의 전무하다시피하다.

배움의 장은 선생님과 학생의 교류를 통해 만들어지고, 그 교류 속에서 새로운 학문도 탄생할 수 있는 법이다. 그런데 자신의 의견을 이야기하면 다른 사람의 주목을 받게 될 테니 차라리 의견을 내지 않는 게 낫다고 생각하는 분위기가 정말 안타까울 따름이다.

직장이라고 해서 분위기가 크게 다르지는 않다. 상사가 질문을 던지면 다들 침묵을 지키기에 바쁘고, 다른 의견이 있어도 지목을 받지 않는 한 자신의 생각을 좀처럼 입 밖으로 내지 않는다.

그러나 요즘은 새로운 생각과 새로운 아이디어를 필요로

하는 시대다. 주변 사람들의 이목에 개의치 않고 자신의 의견을 펼 줄 아는 사람으로 아이를 키우는 것. 이것이 학교와 부모에게 주어진 중요한 과제라는 뜻이다.

물론 T·P·O 즉, 시간(Time), 장소(Place), 상황(Occasion)에 따라 규칙을 준수하는 일도 매우 중요하다. 그러나 이것이 지나치면 인간의 '개성'이 말살된다. 여기서 한 가지 짚고 넘어가자면 글로벌 사회에서 '개성'은 아이들의 가장 큰 무기로, 어떻게 그들의 개성을 키워줄 것인지가 관건이라 해도 과언이 아니라는 점이다.

그러나 아무리 개성이 관건이라 해도 자신의 아이가 '개성'이 강하다는 이유로 장차 사회에서 배척당하는 모습을 보고 싶어 할 부모는 없다. 그렇다면 어떻게 해야 사회와 조화를 이루면서 아이의 '개성'도 지켜줄 수 있을까?

가장 먼저 다양성의 묘미를 느끼게 하라

나는 실제로 아들들에게 이런 말을 자주 해주었다.

"우리의 매일이 즐거울 수 있는 이유는 세상에 다양한 것들이 존재하기 때문이야."

공원에서 꽃구경을 할 때에도, 동물원에 동물을 보러 갔을 때에도 나는 이렇게 말했다.

"이것 좀 봐! 서로 다른 모습을 한 꽃들이 이렇게 많다니 정말 멋지지! 모양이며 색깔이 전부 다 예쁘다. 꽃들이 다 똑같이 생겼다면 지루했을 거야."

"저것 봐, 동물들의 생김새가 다 달라서 정말 재미있지! 사람도 마찬가지야. 전부 다 달라서 더 재미있고 신나게 살 수 있는 거란다. 사람들이 전부 똑같은 얼굴에 똑같은 목소리를 가졌다고 생각해봐. 정말 재미없고 이상했을걸? 이 세상이 이토록 다채롭고 흥미로운 이유는 사람마다 얼굴 생김새와 성격, 피부색, 모발색이 다 달라서야."

모든 사람이 같은 일을 하는 것이 반드시 좋지만은 않다는 사실을 아이가 이해할 수 있도록 이런 이야기도 들려주었다.

동물들이 이웃 학교에 견학을 가기로 한 날이었다. 선생님은 학생들에게 말했다.

"모두 함께 걸어가자!"

그러자 날개 달린 작은 새가 물었다.

"저는 다리가 짧아서 그러는데 날아가도 될까요?"

선생님은 대답했다.

"안 돼. 모두 함께 걸어가야지!"

이번에는 돌고래가 물었다.

"저는 헤엄을 쳐서 가도 될까요?"

그러자 선생님이 답했다.

"안 돼. 모두 함께 걸어가는 거야. 특별대우는 없어!"

이것 참 큰일이었다. 말과 강아지는 금세 목적지에 도착했지만 새는 걷는 것이 너무나도 힘들었고, 돌고래는 그야말로 힘들어 죽을 지경이었기 때문이다.

각자 자신만의 방법으로 얼마든지 목적지에 도착할 수 있었음에도 학생들 개개인의 특징과 개성을 무시한 선생님의 처사에 일부 아이들은 실력발휘를 할 수 없었다. 이 이야기를 들은 아이는 순수한 질문을 던졌다.

"그럼 저는 돌고래예요? 말이에요?"

나는 고개를 갸웃하고 궁금하다는 표정을 아이에게 지어보이며 말했다.

"글쎄? 엄마도 모르겠네. 그런데 이럴 땐 자신만의 방식으로 행동하는 용기가 무엇보다 중요하단다."

당신의 아이는 '새'인가, '돌고래'인가? 아니면 '말'인가?

그 답이 무엇이든 이것만은 잊지 않았으면 한다.

아이의 개성을 알아봐주고, 그 개성을 지켜줄 수 있는 사람은 부모뿐이다.

부디 아이에게 이렇게 격려해주길 바란다.

"T · P · O도 중요하고 사회적 규칙도 반드시 준수해야 하지만 그렇다고 절대 자신의 개성을 말살해서는 안 된단다. 다른 사람과 달라도 괜찮아! 남들과 다른 부분이 바로 너의 장점이니까! 너의 개성을 잘 활용해서 너답게 드넓은 세상을 자유롭게 누벼보렴!"

정체성을 확립시켜주는
질문 세 가지

'나는 누구인가?'

'나는 왜 이곳에 있는가?'

'내 삶의 목표는 무엇인가?'

스스로에게 이 세 가지 질문을 던져본 적이 있는가? 이 질문들은 우리가 자라오면서, 또 성인이 되고 나서도 무수히도 많이 고민했던 영원한 숙제와도 같은 질문들이다. 만약 아이가 이 세 문제에 답을 할 수 있다면 이는 아이가 이미 자신의 정체성을 확립할 준비를 마쳤다는 뜻이다. 반대로 아이가 답을 하지 못한다면 아직 자신의 존재 의미를 몰라 갈팡질팡하는 상태라고 할 수 있다. 자신의 정체성을 확인하는 일은 '자아를 찾는 여정'이기도 하다.

많은 생각과 고민 끝에 자아를 찾은 인간은 꿈과 목표를 세우고 정신을 집중해 아무 잡념 없이 앞으로 나아가 실패를 경험으로 만든다. 또한 꿈을 좇아온 사람은 끝내 목표를 이루지 못하더라도 자신이 활기차고 행복한 삶을 살았노라고 여기게 된다.

따라서 아이가 정체성을 확립할 수 있도록 돕는 일은 어찌 보면 부모의 중요한 임무라고 할 수 있다. 그러니 어떻게 하면 이 세 가지 문제의 답을 찾을 수 있을지 아이와 함께 생각해보길 바란다.

우선 '나는 누구인가?'라는 문제에 답을 하려면 여러 지식이 필요하다.

- 내 이름은 ○○○다. 왜 이런 이름을 갖게 됐을까? 그 의미는 무엇일까?
- 남자아이 또는 여자아이로 태어난다는 건 무엇을 의미할까?
- 아빠, 엄마는 어떤 분들인가?

'나는 왜 이곳에 있는가?'라는 문제의 답을 찾는 데에도 많은 정보가 필요하다.

- 이곳이 고향이기 때문에?
- 이곳에 직장이 있고, 학교가 있어서?
- 여기는 어떤 곳인가?
- 이곳의 역사와 특색은 무엇인가?
- 이곳에는 어떤 사람들이 살고 있나?

'나의 향후 목표는 무엇인가?'라는 질문도 마찬가지다.

- 나는 어떤 사람이 되고 싶은가?
- 나는 뭘 좋아하고 또 무엇을 배우고 싶은가?
- 어디에서 살고 싶은가?
- 어떤 사람과 함께 하고 싶은가?

부모는 아이와 함께 이 셀 수 없이 많은 어려운 숙제들을 풀어야 한다.

"누구나 갈팡질팡할 때가 있어. 그건 당연한 거야."

"너는 어떤 모습의 네가 가장 좋니? 한번 생각해볼래?"

"답을 찾았으면 그 방향으로 나아가렴."

"특히 사춘기나 졸업, 취업, 결혼처럼 독립을 해야 할 때가 되면 사람들은 갈팡질팡하며 두려움을 느끼곤 한단다."

"커가면서 온갖 고민을 하게 될 테고, 많은 벽에 부딪치기도 할 거야. 하지만 이 세 가지 질문에 대한 답은 계속 찾아야 해."

"당황하지 말고 네 자신을 믿으렴."

아이에게 이렇게 정체성 확립의 중요성을 알려주고, 누구든 정체성의 위기를 겪을 수 있다는 사실을 깨닫게 해주자. 이는 부모가 아이를 위해 반드시 해야 할 기본적인 교육이니 말이다.

물론 부모가 도울 수 있는 일은 또 있다. 예컨대 아이가 뭘 잘하고, 뭘 못하는지를 파악한 후에 "정말 잘했어. 조금만 더 앞으로 가볼까?"라고 격려를 해준다든지, 아직 목표를 정하지 못한 아이에게 다양한 일들을 시도해 선택지를 넓혀보라고 조언한다든지, 아이들의 고민을 들어줄 수도 있다.

다만 치열한 고민 끝에 아이 스스로 답을 찾을 수 있도록 해야 한다.

자신의 정체성에 대해 끊임없이 고민하고, 그 과정에서 자기 자신을 인정하면 아이는 적극적으로 실력을 발휘해 인생의 의미를 발견하고 삶의 기쁨도 배가 될 것이다. 그러니 아이가 가장 좋아하는 자신의 모습을 찾을 수 있도록 아이에게 더 많은 시간을 들여 보자.

아이의 사춘기,
호르몬 시스템을 이해시켜라

사람들은 흔히 이렇게 말한다.

"사춘기 때는 아이가 부모에게 반항하는 게 당연하지."

왜일까? 왜 사춘기의 아이들은 반항을 하는 걸까? 사춘기
란 정말 반항기인 걸까? 그렇다면 이는 마음가짐의 문제일까,
아니면 신체적 변화에 따른 문제일까?

'체내의 호르몬 변화'는 사춘기 아이들의 정서적 불안을 유
발하는 원인 중 하나다. 그렇기 때문에 사춘기에 접어든 아이
들에게는 인체의 호르몬 시스템에 대해 제대로 알려줘야 할
필요가 있다.

자신의 몸을 충분히 이해함으로써 아이가 평온하게 사춘기를 지날 수 있도록 말이다.

사춘기 아이의 몸에서는 성장호르몬과 남성·여성호르몬이 대량 분비되어 아이가 어른의 몸으로 거듭날 수 있도록 돕는다. 이런 호르몬의 영향으로 아이는 짜증을 내기도 하고, 기분이 가라앉기도 하며, 흥분을 하기도 하고, 밤잠을 이루지 못하기도 한다. 때로는 갑자기 울고 싶어졌다가, 때로는 계속 웃음이 나기도 하고, 또 때로는 아침잠을 떨치지 못하기도 하는데, 이 모든 게 주변 환경과 상관없이 성장과정에서 자연스럽게 나타나는 현상이다.

그러나 아이가 이러한 자신의 신체 시스템을 제대로 이해하지 못하면 자신의 기분이 나빠진 이유를 밖에서 찾게 된다. 즉, "아빠엄마가 귀찮게 하니까 그러지!", "주변 사람들이 날 이해해주지 않잖아!", "세상이 불공평하기 때문이야!", "그 녀석이 사람 속을 뒤집어 놓잖아!"라는 식으로 자신이 기분 나쁜 이유를 남 탓으로 돌리게 된다는 뜻이다.

여기에 자의식이 높아져 타인의 언행에도 예민해지기 때문에 자기 자신에게조차 짜증이 나고, 자신이 미워지며, 심지어 스스로 생채기를 내기도 한다. 어떤 아이는 자신의 기분을 풀겠다고 노래를 부르거나 춤을 추는가 하면 일탈을 하기도 하고, 때로는 자신의 친형제나 학교, 사회를 탓하며 주변에 화풀이를 하기도 한다.

주변의 어른들은 사춘기인 아이를 보면 '반항기에 접어들었나 보네', '자연스러운 현상이니 신경 쓰지 말자'라며 아이를 건드리지 말아야 할 폭탄쯤으로 여긴다.

그러나 이렇게 되면 어떤 아이는 고립감에 더욱 고통스러워하게 되고, 또 어떤 아이는 나쁜 친구를 사귀어 말썽을 일으키기도 한다. 반대로 아이가 또래의 좋은 친구를 사귀면 서로를 지지하며 순조롭게 사춘기를 지날 수 있다.

이 중요하고도 힘든 시기에 부모로서 어떻게 하면 아이를 보호하고, 그들에게 좋은 조언을 해줄 수 있을까?

먼저 아이들에게 사춘기의 호르몬 시스템에 대해 알려줘야 한다. 아이에게 호르몬 분비가 시작되고 난 다음이 아니라 사춘기가 오기 전에 가르쳐줘야 한다. 요즘은 아이들의 사춘기가 빨라지는 추세이기 때문에 아홉 살 정도가 적당할 것이다.

어렵게 생각하지 말고 이렇게 반복적으로 말해주자.

"넌 앞으로 조금씩 어른이 되어갈 거야. 그럼 몸안에서부터 어른이 될 준비로 많은 성장호르몬이 분비될 텐데, 이 호르몬 때문에 갑자기 짜증이 나기도 하고, 쉽게 화가 나기도 하고, 괜히 울고 싶어지기도 하고, 또 잠을 못 이룰 수도 있어. 하지만 절대 당황하지 마! 이런 감정들은 사춘기가 지나고 나면 자연스레 사라질 테니까. 사춘기를 맞이한다는 건 지극히 자연스럽고 좋은 일이야. 마땅히 기뻐해야 할 일이지. 가끔 기분이 나쁠 수 있어도 이건 네 잘못이 아니야. 물론 엄마나 형(오빠, 누나, 언니), 동생, 친구나 사회의 잘못은 더더욱 아니고. 전부 호르몬의 영향 때문이야. 이 호르몬은 하루에 많이 분비되는 때가 있는가 하면, 별로 분비되지 않는 때도 있어. 즉, 조금만 참으면 금세 정상적인 상태로 돌아갈 테니 걱정할 것 없다는 뜻이지."

이렇게 설명해주고, 호르몬에 의한 감정변화에 어떻게 대처할지를 가르쳐주는 것이다.

급격한 감정변화의 이유를 알면 아이는 불현 듯 짜증이 밀려올 때에도 스스로 감정을 통제할 수 있게 된다. '호르몬이 정상수준으로 돌아오면 곧 괜찮아질 거야'라고 생각하게 될 테니 말이다.

우리 세 아들도 이런 생각으로 평온하게 사춘기를 지났다. 가끔 짜증이 나서 형제에게 성질을 부리더라도 호르몬 분비가 정상적으로 돌아오면 솔직하게 잘못을 인정하고 형제들에게 사과를 했다.

아이들의 이런 변화가 반항기이기 때문이 아니라 호르몬 때문임을 알기에 나도 아이들을 묵묵히 기다려주었다. 성장기에 접어든 아이들을 관심과 사랑으로 지켜봐주면서 말이다.

아이는 반항을 하는 게 아니라 성장 중인 거다.

신체적인 시스템을 이해하고, 이러한 점을 기억한다면 부모자식 사이나 형제사이에 불필요한 싸움이 일어나지 않는다. 그러니 사춘기를 앞두고 있는 아이들에게 호르몬에 대한 지식을 가르쳐보자.

아이의 이성교제를 막지 마라

누군가와 사랑하고 상호작용을 하면서 생명을 이어온 인간에게 누군가를 좋아하게 되는 건 지극히 자연스러운 일이다. 마냥 어리게만 보이는 아이에게도 이성에 눈을 뜨는 시기는 찾아온다. 보통 사춘기에 접어들면서 이성에 대한 관심이 많아지는데, 좋아하는 사람을 보면 몸이 반응하고, 그 사람의 존재를 의식하기 시작하는 것도 이 즈음이다. 자꾸만 가슴이 두근거리고 상대를 보는 것만으로도 기분이 좋아지는 행복한 감정을 느끼게 되는 것이다.

좋아하는 사람을 소중히 아껴주고 싶고, 또 그 사람이 행복했으면 좋겠고… 이는 인간이 가질 수 있는 가장 아름다운 감정으로 이러한 감정을 갖고, 키우는 과정은 아이의 성장에 매우 중요한 경험이 된다.

다만 일반적으로 사춘기가 시작되는 중학생 때부터 이성교제를 시작하기엔 이른 감이 있다. 사춘기라는 질풍노도를 지나는 중인만큼 아직 자아도 덜 영근 상태이기 때문이다. 그러나 사춘기를 지나 정신적으로 단단해진 고등학생 자녀라면 부모가 이성친구와의 육체적인 관계를 금지하는 일이라면 몰라도 이성교제 자체를 단속할 필요는 없다고 생각한다. 이는 아이의 자연스러운 성장을 가로막는 일이나 다름없기 때문이다.

부모가 아이의 연애를 반대하며 항상 하는 말이 있다.

"지금은 연애보다 더 중요한 일이 있잖니?", "엄마(아빠)는 네가 공부에 집중했으면 좋겠구나", "대학입시가 코앞인데 연애는 시간낭비일 뿐이야" 등등. 물론 이성교제가 아이의 학업에 부정적인 영향을 끼칠까봐 걱정되는 마음은 십분 이해한다. 하지만 그렇다고 무작정 아이의 연애를 막으며 자연스러운 감정적 욕구를 억누르는 게 과연 아이에게, 그리고 부모에게 최선의 방법일까?

그렇지 않다. 모든 아이가 부모의 말에 '그래, 지금은 연애할 때가 아니야. 남자친구/여자친구 좀 없으면 어때'라고 순응하면 좋겠지만 현실은 그렇지 않기 때문이다. 부모의 강압적인 반대가 오히려 이성교제에 불을 붙여 부모자식 간에 갈

등이 생길 수도 있다. 부모가 이성교제에 부정적이면 아이는 자연스레 이성문제를 부모에게 숨기게 되고, 막상 어떤 상황이 벌어져도 부모에게 도움을 청할 수 없게 된다.

아이의 이성교제를 부정적인 시선으로 바라보고 단속하기보다 다양한 인간관계를 맺는 하나의 훈련으로 바라보고, 적당한 관심과 지지로 긍정적인 이성교제를 할 수 있도록 이끌어주어야 하는 이유는 바로 이 때문이다.

실제로 나는 아들들의 고교시절 이성교제를 반대하지 않았다. 다만 학생으로서의 본분은 다해 줄 거라 믿는다고 말하고 과감히 성교육을 실시했다. 연애를 할 때에는 남자든 여자든 상대방을 배려하고 존중해야 한다는 것과 스킨십은 반드시 서로에 대한 사랑이 전제되어야 한다는 것, 스킨십을 하다 보면 성적인 충동이 생길 수 있다는 것, 그리고 성 관계에는 반드시 그 책임이 따른다는 것을 정확히 인식시켰다.

다행히 아들들은 여자친구가 생겼다는 사실을 내게 숨기지 않았고, 연애 후 훨씬 자신감 있고 멋진 모습을 보여주었다. 특히 막내아들은 여자친구를 사귄 후, 여자친구에게 좋은 모습을 보여주기 위해 정말 열심히 노력했고 급상승한 학업성적으로 자신의 성실함을 증명했다. 둘째아들은 여자친구를 사귀고 작곡능력이 부쩍 늘어 감미로운 사랑노래를 여러 곡 만들었다. 그리고 큰아들은 전보다 훨씬 자신감이 생겨 여자친구와의 관계를 주도하는 입장이 되었다. 이렇게 우리 아들들에게 고등학교 시절의 연애는 긍정적인 경험이 되었다. 무엇보다도 아이들이 정신적으로 한층 더 성숙해지는 계기가 되었고, 이 성과 원만한 관계를 형성하는 데에도 도움을 주었다.

물론 연애에 흠뻑 빠져 자신과 자신의 본분을 망각해서는 안 되겠지만, 괜한 노파심에 아이의 이성교제를 반대하기보다 아이에게 건전한 이성교제를 경험할 수 있는 기회를 주고, 부모의 믿음을 보여주는 건 어떨까? 누군가를 사랑하고 사랑받는 일은 정말 아름다운 일이니 말이다.

돌이켜보면 나의 중·고등학교 시절은 인간과 인간의 내밀한 정을 쌓던 시기인 동시에 친구들 사이에서 경쟁의식을 느끼고, 관계에 대한 스트레스를 받던 시기이기도 했다. 그중 연애도 매우 중요한 일부분을 차지했는데, 이 시기에 형성된 연애관은 이후 나의 인생을 좌우했다고 해도 과언이 아니다. 솔직히 나는 부모가 아이의 이성교제를 막는다고 해서 막아지는 것이 아니라고 생각한다. 하지만 아이가 긍정적인 이성교제를 하는 데에는 부모가 어느 정도 간접적인 영향을 미친다고 본다. TV드라마나 책, 만화를 통해서도 팁을 얻을 수 있겠지만, 첫 연애에 부모만큼 좋은 본보기는 없기 때문이다. 즉, 소중한 사람을 대하는 방식이나 감정을 표현하는 방법은 물론 사랑하는 사람에게 어떤 배려와 존중을 받아야 하는지도 부모의 평소 모습을 통해 배울 수 있다는 뜻이다.

아이들의 이성교제는 막을 수 없지만, 어떻게 좋은 연애경험을 쌓아갈 수 있는지 조언해 줄 수 있는 입장인 만큼 부모가 아이들에게 좋은 롤 모델이 되어주어야 한다고 생각한다.

옮긴이 원녕경

베이징어언문화대학교를 졸업한 후, 서울외국어대학원대학교 통번역대학원 한중과를 졸업하였다. 현재 번역 에이전시 엔터스코리아에서 출판기획 및 중국어 전문 번역가로 활동하고 있다. 주요 역서로는 《성숙한 어른이 갖춰야 할 좋은 심리 습관》, 《FBI 심리 기술》, 《심리학이 이렇게 쓸모 있을 줄이야》, 《나는 합리적 이기주의가 좋다》, 《어떻게 인생을 살 것인가》, 《예일대 교수 아빠에게 배우는 경제이야기》, 《역사가 기억하는 100대 과학》, 《작은 노력으로 성공하는 아이 만들기》 등 다수가 있다.

아들 셋을 스탠퍼드에 보낸 부모가 반드시 지켜온 것

초판 1쇄 발행 2021년 5월 10일

지은이 아그네스 천
펴낸이 정덕식, 김재현
펴낸곳 (주)센시오

출판등록 2009년 10월 14일 제300-2009-126호
주소 서울특별시 마포구 성암로 189, 1711호
전화 02-734-0981
팩스 02-333-0081
전자우편 sensio0981@gmail.com

기획·편집 이미순, 심보경   **외부편집** 정지은
마케팅 허성권, 이다영   **경영지원** 김미라
본문 디자인 유채민   **표지 디자인** ZIWAN

ISBN 979-11-6657-015-5 03590

소중한 원고를 기다립니다. sensio0981@gmail.com